AF453183

CONTRIBUTION A L'ÉTUDE

DES

GITES MÉTALLIFÈRES

I. — Sur l'importance des gites d'inclusions et de ségrégation dans une classification des gites métallifères

II. — Sur le rôle des phénomènes d'altération superficielle et de remise en mouvement dans la constitution de ces gisements

PAR

M. L. DE LAUNAY,

Ingénieur des Mines, Professeur à l'École supérieure des Mines.

(Extrait des ANNALES DES MINES, livraison d'Août 1897).

PARIS

P VICQ-DUNOD ET Cⁱᵉ, ÉDITEURS

LIBRAIRES DES CORPS NATIONAUX DES PONTS ET CHAUSSÉES, DES MINES
ET DES TÉLÉGRAPHES
Quai des Grands-Augustins 49

1897

CONTRIBUTION

A

L'ÉTUDE DES GITES MÉTALLIFÈRES

TOURS. — IMPRIMERIE DESLIS FRÈRES.

CONTRIBUTION A L'ÉTUDE

DES

GITES MÉTALLIFÈRES

I. — Sur l'importance des gites d'inclusions et de ségrégation
dans une classification des gites métallifères

II. — Sur le rôle des phénomènes d'alteration superficielle
et de remise en mouvement dans la constitution de ces gisements

PAR

M. L. DE LAUNAY,

Ingénieur des Mines, Professeur à l'École supérieure des Mines.

Extrait des ANNALES DES MINES, livraison d'Août 1897.

PARIS

P VICQ-DUNOD et Cⁱᵉ, ÉDITEURS

LIBRAIRES DES CORPS NATIONAUX DES PONTS ET CHAUSSÉES, DES MINES
ET DES TÉLÉGRAPHES
Quai des Grands-Augustins 49

1897

CONTRIBUTION

\

L'ÉTUDE DES GITES MÉTALLIFÈRES

I. — SUR L'IMPORTANCE DES GITES D'INCLUSIONS ET DE SÉGRÉGATION
DANS UNE CLASSIFICATION DES GITES MÉTALLIFÈRES

II. — SUR LE ROLE DES PHÉNOMÈNES
D'ALTÉRATION SUPERFICIELLE ET DE REMISE EN MOUVEMENT
DANS LA CONSTITUTION DE CES GISEMENTS

Par M. L. DE LAUNAY,

Ingénieur des Mines, Professeur à l'École supérieure de Mines,

Le présent mémoire a pour but d'exposer un certain
nombre d'idées théoriques, relatives à la constitution et,
comme conséquence, à la classification des gites métallifères, que nous ont suggérées, depuis plusieurs années,
l'observation personnelle, l'étude et la comparaison d'un
très grand nombre de ces gisements.

Ces idées, bien que touchant à beaucoup de faits très
différents les uns des autres, se rattachent néanmoins
toutes à une même doctrine et nous conduisent à quelques
conclusions très générales, que nous croyons devoir indiquer dès le début, pour montrer comment nous envisa-
geons, dans leur principe, les phénomènes dont il sera
question plus loin. Nous serons amené ainsi à résumer
rapidement toute une théorie sommaire du mode de formation des gites métallifères, en insistant sur les types
nouveaux que nous avons distingués sous le nom de gites
d'inclusions et de ségrégation, pour examiner ensuite ce

qui est notre objet essentiel) dans quelle mesure la circulation des eaux superficielles a pu modifier ces divers gîtes, ou contribuer à leur formation. Les exemples de gisements, que nous choisirons, seront, de préférence, pris parmi ceux que nous avons visités par nous-même et que nous n'avons pas encore eu l'occasion de décrire (*).

Le point de départ *initial* de tout gîte métallifère doit, à notre avis, être cherché dans un bain métallique (**) interne, maintenu en fusion sous des actions réductrices, où doivent intervenir le carbone, l'hydrogène et peut-être le soufre, et dont les météorites d'abord, puis les péridotites, enfin les roches basiques (***) nous offrent des spécimens de plus en plus altérés, de plus en plus oxydés. C'est par l'examen de ces magmas basiques que doit débuter rationnellement l'étude des gîtes métallifères, et il est particulièrement intéressant d'envisager, à ce point de vue, une nouvelle catégorie de gîtes, que nous avons proposé d'ajouter aux deux catégories classiques des *filons* et des *sédiments*, comme un type moins déformé, moins remanié que ceux-ci, les gisements d'*inclusions* et ceux de *ségréga-*

(*) Quelques-uns des résultats énoncés plus loin ont déjà été communiqués à l'Institut (*Comptes Rendus* des 22 et 29 mars et 14 juin 1897).

(** Nous éviterons le mot de laccolithe, qui est commode, mais dont on a abusé. Les laccolithes de Gilbert, dans l'Utah, n'étaient, en réalité, que des intrusions superficielles de masses trachytiques dans des sédiments, intrusions dont on n'a d'ailleurs jamais vu le nucleus supposé. Il nous semble extrêmement exagéré de vouloir, comme c'est un peu la mode aujourd'hui, faire dériver toutes les roches, y compris les granites, de la différentiation d'intrusions semblables. Nous croyons, d'ailleurs, qu'après avoir combattu jadis très justement les cratères de soulèvement, on revient actuellement à attribuer aux roches éruptives une puissance de soulèvement par intrusion très exagérée.

***) La densité croît, d'après M. Daubrée, du granite (2.60) aux laves pyroxéniques (2.90), aux péridotites (3.40), aux météorites ordinaires (3.5), et enfin aux météorites de fer natif ou holosidères (8).

Il est très remarquable de constater que les péridotites semblent un produit plus oxydé que les météorites : on peut, en effet, passer de celles-là à celles-ci en les chauffant en présence du carbone, dont le rôle, dans le magma profond, paraît avoir été considérable.

tion directe, gisements restés en relations absolument intimes avec les roches basiques, dont nous supposons que tous les autres proviennent plus ou moins immédiatement.

De pareils bains métalliques profonds semblent avoir donné, par divers modes de dérivation : d'une part, toutes les roches constituant notre écorce terrestre, et, d'autre part, tous les gites minéraux et métallifères, qui n'en sont qu'un accident ordinaire, auquel, seules, des considérations pratiques font attacher une importance spéciale.

Cette dérivation s'est faite *anciennement*, sous deux formes :

1° Par scorification directe, avec prépondérance des actions ignées, à l'état de roches de plus en plus acides à mesure qu'on s'élevait plus haut dans les bains de coupellation internes, et que les actions oxydantes, probablement d'origine superficielle, parmi lesquelles nous attribuons le rôle prépondérant aux introductions d'eau, se faisaient plus sentir.

Cette scorification parait avoir été accompagnée de la ségrégation directe de certains nodules, ou amas encore plus basiques et arrivant à constituer de véritables gites métallifères, de fer, chrome, nickel, cuivre, etc., au moyen des éléments métalliques, d'abord disséminés à l'état d'inclusions dans les roches en fusion ;

2° Par dégagement hydrothermal, c'est-à-dire avec prépondérance des actions aqueuses et intervention bien marquée de certains éléments minéralisateurs, propres à donner aux métaux la mobilité qui leur faisait défaut.

A ces deux modes de dérivation, que relient, comme dans tout phénomène naturel, des cas de transition, ont correspondu deux formes principales de gites filoniens, c'est-à-dire de gites déposés dans les fractures de l'écorce terrestre, formes que l'on a eu raison de séparer, tout en exagérant peut-être trop la démarcation et supprimant les catégories intermédiaires : les gites rocheux ignés, avec inclusions et ségrégations métalliques, les gîtes hydrothermaux. Leur étude d'ensemble occupera la première partie de ce mémoire.

La dérivation, dont il vient d'être question, a, nous le répétons, suivant nous, eu lieu *anciennement*, avant la consolidation du magma igné à base métallique et, par là, nous nous séparons entièrement de l'école allemande (*), qui ne voit, dans les gîtes métallifères, que des phénomènes de sécrétion récents et superficiels, produits par une sorte de lessivage des roches déjà consolidées et par la dissolution de leurs éléments dans les eaux ; mais, d'autre part, nous trouvons que, dans l'ancienne école française, on a un peu trop négligé ces actions superficielles (**), qui, assurément, ne sont pas tout le phénomène, qui, surtout, n'en sont pas la cause première, comme l'ont soutenu les Allemands, mais qui, souvent, l'ont assez profondément modifié pour lui imprimer sa forme actuelle.

Cette forme actuelle est parfois si caractéristique, que des géologues, pénétrés des idées françaises, remarquant l'évidente relation de certaines variations de la minéralisation dans les filons avec la distance à la superficie, ont cru pouvoir en conclure l'importance du rôle joué par cette superficie actuelle, lors de la formation des gisements, considérés pourtant par eux comme déjà fort anciens : ce qui entraînait à des impossibilités, dans la plupart des cas où, tant par l'érosion seule que par les phénomènes dynamiques de tous genres auxquels l'écorce a pu être soumise, la surface actuelle n'a certainement plus aucun rapport avec celle qui existait lors de la cristallisation des filons.

(*) C'est cette école qu'avait suivie, en France, un chimiste distingué, M. Dieulafait, dont nous rappellerons plusieurs fois les travaux.

(**) Chacun connaît cependant les pages consacrées à cet ordre de questions par Daubrée dans ses *Eaux Souterraines*.

A notre avis, cette influence de la surface au moment du remplissage des filons d'origine profonde, qui est très admissible théoriquement et que l'on a pu rationnellement invoquer, dans certains cas, pour expliquer des variations du gîte avec la profondeur, en admettant qu'il avait dû en résulter, soit un abaissement de température, soit une diminution de pression, n'a eu, en pratique, sur l'allure actuelle des gisements, qu'un rôle à peu près nul, précisément parce que nous ne voyons presque jamais ce qui était la zone superficielle au moment où ces filons se sont remplis, et la plupart des modifications que l'on a ainsi interprétées nous semblent précisément rentrer dans la catégorie de celles, dues à des remises en mouvement récentes, que nous nous proposons d'étudier particulièrement dans la seconde partie de ce mémoire.

Ailleurs encore, prenant des produits de remaniements chimiques pour le gîte initial et constatant que ces dépôts avaient un rapport avec l'allure des vallées actuelles, avec des grottes, ou même englobaient des ossements modernes, on en a conclu, un peu trop vite, que la formation du gisement tout entier, que l'arrivée du métal dans l'ensemble des fractures ou des amas examinés était extrêmement récente.

C'est, par dessus tout, sur le rôle trop méconnu de ces phénomènes secondaires, qualifiés par nous de *remises en mouvement*, que nous désirons insister ici; car ils nous semblent permettre de raccorder les théories, en apparence tout à fait contradictoires, des géologues allemands et français, en distinguant de la venue filonienne primitive, rattachée, suivant les idées d'Élie de Beaumont, aux actions internes, les modifications postérieures, considérées par les Allemands comme l'origine même du gîte et qui, en réalité, dans notre théorie, n'ont fait que déplacer, d'un point à un autre du terrain, des métaux d'origine profonde et déjà préexistants.

Tout, à vrai dire, dans l'histoire du globe, n'est que remise en mouvement : tout, suivant une expression bien connue, est à l'état de perpétuel *devenir*, et le dégagement des métaux en fumerolles, leur cristallisation ancienne dans les filons, avec les déplacements successifs de métaux qui semblent souvent s'y être produits par la continuation du phénomène hydrothermal, notamment à la rencontre de croiseurs, sont déjà de premiers déplacements de ce genre.

A un degré bien plus marqué encore, le métamorphisme, dont le rôle, dans la formation de l'écorce terrestre, est probablement beaucoup plus considérable qu'on ne le suppose, — et qui peut très bien avoir constitué les granites, par exemple, aux dépens d'anciens sédiments, comme on s'est décidé aujourd'hui à admettre qu'il a produit les gneiss (*), — est lui-même une remise en mouvement.

(*) On sait que l'origine métamorphique des gneiss et micaschistes, soutenue par nous, depuis dix ans, à l'exemple de notre maître, M. Michel Lévy, rallie des partisans de plus en plus nombreux, et nous pensons qu'on renoncera bientôt à chercher, dans ces terrains, dits primitifs, de prétendues successions stratigraphiques, dont l'apparence n'est due qu'à l'intensité plus ou moins grande du métamorphisme. De même, nous sommes porté à croire que nombre de roches éruptives — et peut-être, en premier lieu, les granites — enferment une forte part d'anciens débris sédimentaires soumis à une recristallisation, et nous croyons, notamment, que la présence et l'abondance plus ou moins grande du mica noir ou de l'amphibole sont simplement l'indice de la nature, ou alumineuse, ou calcaire, des bains ainsi absorbés et refondus. L'apport réellement interne pourrait bien, dans nombre de roches acides, être représenté surtout par les alcalis, arrivés peut-être à l'état de carbonates, ou de chlorures et fluorures sous pression. La véritable scorie profonde, ce sont les roches basiques; aussi est-ce avec elles qu'on trouve la majeure partie des métaux proprement dits, et spécialement, presque tous les sulfures de fer, nickel, cuivre, etc. Les objections faites récemment par M. Brögger à cet ordre d'idées ne nous paraissent pas convaincantes, et il nous semble surtout qu'il a énormément exagéré la régularité de l'ordre d'alternance des éruptions acides et basiques en une même région, pour en conclure un argument en faveur de sa différentiation en vase clos. A Métclin, par exemple (*C. R.*, 20 janvier 1890), nous avons étudié une série éruptive, dont la basicité paraît avoir été constamment en croissant avec le temps.

Remise en mouvement aussi, le phénomène qui a déterminé la concentration, dans certains bassins de sédimentations fermés, de substances empruntées mécaniquement ou chimiquement aux parois de ce bassin.

Mais, laissant de côté cet ordre de questions trop général, ce que nous voulons tout spécialement étudier, pour le moment, ce sont les remises en mouvement récentes, caractérisées nettement par leur localisation dans la zone superficielle des terrains, où circulent les eaux, alimentées d'oxygène par l'air, et produites par la circulation même de ces eaux.

Cette zone, que nous qualifions ainsi de superficielle et qui est bien limitée, à sa base, par le niveau hydrostatique de la contrée minéralisée, correspondant au thalweg des vallées principales, peut, en réalité, dans les régions très accidentées, comme les pays de montagnes, où se trouvent la plupart des filons métallifères, affecter une hauteur de plusieurs centaines de mètres, c'est-à-dire une partie relativement très considérable de ces filons, et surtout leur portion la plus facilement abordable, celle où les travaux sont, à la fois, les moins coûteux et souvent les plus productifs, par la nature même des minerais ; par suite, celle que les mineurs ont eu le plus d'occasions d'examiner, et qu'ils ont, trop souvent, considérée comme représentant l'état initial, donc la forme immuable du dépôt.

L'attention n'ayant pas été appelée, jusqu'ici, sur les phénomènes d'altération, dont ce mémoire cherche précisément à signaler la grande importance, on ne s'est pas assez occupé, en général, d'étudier, à la lumière d'une théorie rationnelle, les modifications observées dans la profondeur des filons et considérées, trop souvent, comme accidentelles, ni de les rapporter au profil extérieur du terrain, donnant le niveau hydrostatique. C'est un ordre d'observations qu'il serait pourtant bien intéressant de multiplier.

La catégorie de phénomènes, dont nous allons nous occuper, est, en grande partie, réglée par des lois chimiques, et, là encore, nous nous séparons de certaines théories relatives aux gîtes métallifères, où le côté physique et mécanique de leur structure est particulièrement considéré. Mais nous croyons que les conditions du dépôt des métaux dans les gisements, aussi bien que celles de leur remise en mouvement, ont été l'effet d'une sorte de métallurgie naturelle, indéfiniment prolongée, à travers les temps géologiques, par le feu et par l'eau, en présence de quelques agents très simples, comme les acides sulfurique, carbonique, chlorhydrique et nitrique, ou leurs sels ; métallurgie qui a eu constamment pour effet de séparer, de classifier, par ordre de solubilité, les métaux, d'abord confondus pêle-mêle dans le premier bain interne, c'est-à-dire, en résumé, de purifier, de simplifier d'avance les produits, destinés plus tard à être traités par la métallurgie humaine, en favorisant, presque toujours, le travail de celle-ci.

Cette métallurgie naturelle a été, on le conçoit, d'autant plus active et d'autant plus efficace, les remises en mouvement récentes ont été d'autant plus accentuées que le métal se présentait primitivement sous une forme plus aisément soluble ; en sorte qu'il est certains cas où ces phénomènes ont frappé tous les observateurs et où leur caractère réel n'a jamais été contesté.

Ainsi les métaux alcalins et alcalino-terreux sont arrivés, chacun le sait, à être, presque exclusivement, groupés et concentrés aujourd'hui sous cette forme, essentiellement secondaire et due à l'intervention des eaux dissolvantes et corrodantes, que l'on appelle des sédiments.

Nul ne saurait dire quelle est l'origine première de la soude, de la potasse, de la chaux ou de l'alumine, ainsi accumulées dans les couches sédimentaires ou les mers ; mais il est certain que les mêmes éléments se trouvent, en très grande abondance, à l'état de silicates, dans toutes les roches cristallines, dont l'érosion, pendant des durées de siècles extrêmement prolongées, aurait très bien pu suffire à fournir ces bases aux mers, à moins, ce qui est également possible, que roches et mers ne les aient primitivement puisés à la même source profonde.

Quand il s'agit de substances aussi abondantes et aussi aisément mobiles que le gypse, le carbonate de chaux, l'oxyde de fer ou la silice, l'observation la plus élémentaire montre encore qu'il peut se constituer, par un simple transport superficiel, des veinules sans racine profonde et sans continuité, assimilables, au premier abord, à de vrais filons, mais auxquelles on a eu parfaitement raison d'appliquer l'hypothèse de la sécrétion latérale.

Il est même un sulfure métallique, pour lequel la possibilité d'un transport de ce genre est admise par tous, c'est la pyrite de fer, qui, rendue soluble par son oxydation en sulfate, va se reprécipiter sur toutes les matières organiques réductrices qu'elle peut rencontrer.

Mais, ce que l'on sait moins et ce que nous désirons montrer, c'est que des déplacements analogues se produisent, avec plus ou moins de facilité et d'intensité, pour presque toutes les substances métalliques.

La nature des réactions ainsi produites dépend naturellement de l'état sous lequel se présente le métal dans son gite primitif et nous croyons, par suite, nécessaire, pour mettre un peu d'ordre dans la description, de commencer par classer ces gisements en quelques catégories distinctes, suivant la nature des combinaisons que l'on y rencontre et l'origine que nous leur attribuons.

Dans ce qui va suivre, nous laisserons absolument de côté la formation des gites sédimentaires, pour laquelle la remise en mouvement va de soi et ne peut être discutée, puisque c'est elle seule qui a produit, par une concentration naturelle, tout l'ensemble du dépôt; mais les phénomènes d'altération, dont il sera question plus loin, peuvent — et cela se conçoit — s'appliquer aussi bien à l'affleurement d'une strate qu'à celui d'un filon.

Étant donnée, dès lors, l'origine première, que nous avons attribuée plus haut aux gites métallifères, il est certain que le cas le plus simple est celui où les métaux ne se sont pas séparés du magma métallique primitif, — ou, du moins, de la scorie qui en dérive directement — et où nous les retrouvons, dans ces scories (c'est-à-dire dans les roches éruptives), tantôt entrés en combinaisons avec la silice, tantôt seulement associés à l'oxygène, plus rarement au soufre, ou enfin à l'état natif. C'est cette catégorie de gites que nous appelons les *gites d'inclusions*. Nous examinerons ensuite les *gites de ségrégation directe* et les *filons* proprement dits.

____

PREMIÈRE PARTIE.

Essai de classification théorique des Gites métallifères. — Nature et Importance des Gites d'Inclusions et de Ségrégation.

A. — Gites d'inclusions. — Les gites d'inclusions ont été, jusqu'ici, négligés par les géologues, parce que leur importance pratique, à moins de cas très spéciaux, est généralement faible, sauf pour les substances de grande valeur, comme l'or, le platine, l'étain, le diamant ; mais il n'est pas moins vrai — et c'est un des résultats intéressants obtenus, dans ces dernières années, par les analyses des chimistes — que tous les métaux existent à cet état d'inclusions dans les roches, et nous venons même de rappeler que l'école allemande en a conclu la formation de

tous les gites métallifères par un simple lessivage superficiel de ces inclusions [*].

Pour préciser ce que nous entendons par gites d'inclusions, nous dirons que ce sont les gisements, où un minéral

---

[*] Parmi les travaux dans cet ordre d'idées, nous citerons : Killing,
*über den Gneiss des N.O. Schwarzwaldes und seine Beziehungen zu den
Erzgängen.* Wurtzburg, 1878, 30 p.; résumé dans le *Neues Jahrbuch
für Mineralogie*, 1878, p. 657.

Suivant lui, c'est le mica du gneiss qui aurait fourni les métaux aux
filons de la Forêt Noire; il contiendrait : PbO, 0.028; CuO, 0.070;
BiO, 0.0036; CbO, 0.0094; Fl, 0.028. Un mètre cube 2.720 kilogrammes,
de gneiss, entièrement dissous, pourrait fournir 133 grammes de galène,
564 de pyrite de cuivre, ou 194 grammes de cuivre, 9.584 de barytine et
1.959 de fluorine.

Si l'on admettait, dans la théorie de lessivage adoptée par Dieulafait,
que le bassin cuprifère du Mansfeld résultât d'une dissolution de roches
semblables, on voit que cette couche, de 500 kilomètres carrés de
surface, avec une moyenne de 130 kilogrammes de cuivre au mètre
carré, soit, au total, plus de 50 millions de tonnes de cuivre, aurait exigé
la dissolution complète de 250 milliards de mètres cubes de gneiss, ou
d'une montagne ayant, sur 500 mètres de hauteur, 50 kilomètres de long
et 10 kilomètres de large et qu'il aurait fallu ensuite la précipitation
intégrale des substances disséminées dans l'énorme quantité d'eau
qui aurait exigée une semblable érosion.

Par une erreur de raisonnement, qui a été faite souvent, M. Killing
se fonde, d'ailleurs, sur ce que les gneiss frais sont plus riches en métaux que les gneiss altérés (ce qui est évident *a priori*, l'altération ayant
dû comporter une dissolution partielle), pour conclure que cette altération a fourni le métal aux filons de la région.

Un autre travail intéressant dans le même ordre d'idées est celui de
Sandberger *Berg und Hüttenmännische Zeitung*, 2 novembre 1877,
p. 377 à 381, 389 à 392.

Il a porté spécialement sur la recherche, dans les minéraux ferro-ma-
gnésiens de la Forêt Noire, de la barytine, de la fluorine, du cuivre, du
nickel, etc. L'olivine est, cela se conçoit, la plus riche; l'hornblende et
l'augite ont, presque toujours, contenu des traces de cobalt; le cuivre,
plus irrégulier, est parfois plus abondant. Le mica noir a donné des
résultats analogues. L'auteur a remarqué que les formations de cuivre
et de plomb, sur les laves du Vésuve ou d'autres volcans, doivent avoir
été empruntées à l'augite des laves. Comme il le dit en terminant, ses
analyses ont simplement confirmé ce qu'il était aisé de prévoir; à savoir,
l'existence des métaux lourds en traces dans les silicates des roches.

M. Dieulafait, qui n'a guère fait qu'introduire plus tard ces idées en
France, s'est attaché, de même, à reconnaître la présence du zinc, du
manganèse, etc., dans les terrains du Plateau Central, au voisinage de
gisements de ces métaux; il a constaté que la présence du zinc pouvait
être reconnue sur 1 gramme d'un échantillon quelconque; celle du
cuivre et du manganèse, sur 10 grammes. L'eau de la mer a donné lieu
à des constatations analogues.

pratiquement utilisable se présente dans les mêmes conditions que les autres éléments constituants d'une roche, généralement étudiés en pétrographie, c'est-à-dire s'y est consolidé en même temps que les autres minéraux, ou développé par une réaction secondaire immédiate, sans qu'il y ait eu transport à distance sous des influences hydrothermales et filoniennes (*).

Ainsi, dans les trachytes à apatite de Jumilla, au cap de Gate, l'apatite, disséminée en cristaux de première consolidation dans la pâte, forme un gîte d'inclusions phosphaté, et on peut en dire autant pour les filons d'Oddegarden en Norvège, où l'apatite est associée avec mica noir, enstatite et hornblende ; de même encore, le diamant dans la brèche à olivine du Cap ; l'émeraude dans les granulites de l'Oural ; la magnétite dans certains granites à magnétite (**) d'où l'on a extrait les cristaux du minerai par un simple lavage, au Japon (province de Harima) ; la cassitérite dans nombre de granulites, formant, par elles-mêmes et indépendamment de tout filon, des gîtes stannifères ; l'or dans diverses diorites, dont toute la masse contient des traces éparses du métal précieux, etc.

Les conditions sont nécessairement très différentes, suivant que l'on considère des roches acides ou des roches basiques, et ceci nous amène forcément à faire une courte

---

(* On remarquera que, par la création de ce type nouveau de gisements, nous faisons disparaître la différence théorique que l'on semblait établir jadis entre les *minéraux* inutilisables, constituant les roches et les *minerais* utilisables, formant les filons. Il eût été assez singulier que la nature eût adopté deux modes de formation complètement distincts pour les substances minérales, suivant que l'homme devait, ou non, en faire un usage pratique. Cette apparente distinction, qui correspond pourtant dans une certaine mesure à un fait réel, tient seulement à ce que les métaux proprement dits, étant plus denses et donnant, avec l'oxygène, des bases moins énergiques, n'ont pu être apportés vers la superficie que plus exceptionnellement, par les influences spéciales auxquelles sont dus les filons. Mais il existe, comme dans tout phénomène naturel, une série de cas intermédiaires.

(** *Ann. des Mines*, 7ᵉ série. t. VI, 1874. p. 345 : Traitement du minerai de fer au Japon. par D. SEVOZ.

digression sur la composition chimique des roches, afin de
montrer comment les métaux se sont répartis entre elles
à l'état d'inclusions, sans vouloir cependant, cela va de
soi, aborder la discussion très compliquée des théories
récemment émises par MM. Rosenbusch, Iddings, Brögger,
Vogt, etc., sur ce qu'ils appellent la différentiation (*spaltung*) des magmas.

Les roches acides sont, par définition même, celles où
la silice est la plus abondante et, pour préciser, celles où
la teneur en silice atteint ou dépasse celle des feldspaths
les plus acides : l'albite (68 p. 100) et l'orthose (66 p. 100)
(l'analyse portant sur la pâte, indépendamment des cristaux de formation antérieure). On arrive ainsi à des types
extrêmement chargés d'oxygène, pouvant en contenir
jusqu'à 50 p. 100 (la teneur de la silice en oxygène étant
de 53 p. 100).

Le fait fondamental et essentiel, dans cette scorification
qui a produit les roches, étant la combinaison d'un magma
réducteur et carburé avec l'oxygène, venu plus ou moins
directement de l'extérieur, les premiers métaux, qui ont
dû monter à la surface du bassin de coupellation et prendre,
dans les roches acides, une part prépondérante, ont naturellement dû être ceux que l'affinité la plus puissante
attirait vers l'oxygène et qui, par suite, forment avec lui
des combinaisons tellement tenaces que les efforts de la
chimie ont été longtemps impuissants à les en isoler :
ainsi, en dehors de l'hydrogène (ou du carbone, dont le rôle
est spécial), le potassium, le sodium, l'aluminium, le magnésium; puis le calcium, le baryum, le strontium et, à un
degré moindre, le fer, comme éléments basiques et, d'autre
part, le silicium (ou, exceptionnellement, ses homologues,
le titane et l'étain) jouant le rôle d'acides (*).

(*) Le silicium et le titane, l'aluminium et le magnésium, le calcium,
le baryum et le strontium n'ont pu être obtenus à l'état libre que par

Les métaux moins oxydables sont restés dans le fond des magmas et ne se sont élevés vers le jour que par l'intervention de minéralisateurs spéciaux, dont le rôle paraît avoir été considérable également dans la cristallisation des roches acides, minéralisateurs au premier rang desquels il faut compter le fluor, puis le soufre.

Par une coïncidence, qui doit tenir à une loi naturelle très générale, les éléments avides d'oxygène se trouvent être, en même temps, dans l'ensemble, les plus légers : ce qui fait aisément comprendre comment, montés d'abord à la surface des magmas internes, ils ont constitué la presque totalité des roches et surtout des roches acides.

En résumé, il paraît bien difficile d'expliquer cette sorte de classification naturelle, qu'une lente métallurgie interne a produite entre les divers métaux, tout d'abord confondus dans un même creuset, sans faire intervenir plusieurs actions distinctes : d'une part, la densité ; de l'autre, des affinités plus ou moins fortes pour certains métalloïdes, dont l'un, l'oxygène, a surtout un rôle capital dans la formation des roches, tandis que les autres, fluor, soufre, etc., sont plutôt intervenus dans la production des filons métallifères.

---

l'électricité, avec des précautions spéciales pour éviter la réoxydation, ou en faisant intervenir le sodium métallique. Mis en présence de l'oxygène, ils ont toujours une forte tendance à se combiner avec lui : surtout, dans le cas du silicium, quand il existe, au contact, une base, comme un alcali, capable de donner un silicate fusible. Nous n'avons pas besoin de rappeler l'analogie bien connue entre le silicium et le carbone, qui fait penser que le premier corps s'est trouvé, au même titre que le second, dans le bain métallique interne, d'où sont dérivées les roches ; mais le silicium paraît être parti tout entier vers l'extérieur, avec l'oxygène, tandis que le carbone est resté, sans doute, en grande partie, dans le fond métallique des creusets. On a remarqué que l'oxygène formait 50 p. 100 de la croûte terrestre superficielle, le silicium 28 p. 100, et qu'avec l'aluminium, le magnésium, le calcium, le potassium, le sodium, le fer et le carbone, on arrive à $\dfrac{977}{1000}$: ce qui montre le caractère exceptionnel des autres métaux plus lourds, probablement encore concentrés dans le noyau dense de notre globe.

Dans ces magmas rocheux, la silice, qui est, pour les roches, l'élément acide par excellence, a saturé d'abord les bases les plus fortes, c'est-à-dire les alcalis et l'alumine, puis la chaux et, en dernier lieu, la magnésie (*) et le fer. Suivant sa proportion plus ou moins élevée, la roche a été acide ou basique.

On a fait observer, depuis longtemps, combien la correspondance remarquable, qui existe entre le degré d'acidité ou d'oxydation et la densité ou la profondeur originelle des magmas, était une forte preuve en faveur de l'hypothèse d'une production des roches par la coupellation progressive d'un laccolithe fluide (**) ce qui n'exclut nullement l'absorption possible par ces magmas d'anciens sédiments, ayant pu se refondre et recristalliser dans les roches. On retrouve, dans le détail, pour la répartition des métaux eux-mêmes dans les roches, un rapport analogue avec la densité, un peu moins précis pourtant, parce que d'autres propriétés chimiques sont intervenues.

Ainsi l'élément le plus caractéristique des roches acides, après la silice, c'est l'alumine, qui fait à peu près complètement défaut dans les silicates des roches basiques (***) (pyroxène, péridot, etc.), tandis qu'elle entre, comme élément intégrant, dans les feldspaths, feldspathoïdes et micas des roches acides, arrivant même à être en excès sur la composition feldspathique dans certaines roches très micacées. Parmi les résultats remarquables

-----

(*) La teneur en magnésie est, bien plus que celle en fer, caractéristique du degré de basicité des roches.

(**) C'est, dans cet ordre d'idées, un fait remarquable que la loi générale, formulée pour la première fois par M. Fouqué dans son mémoire sur Santorin et précisée dans son ouvrage récent sur les feldspaths, d'après laquelle, dans les roches microlithiques à deux temps de consolidation, les microlithes, formant la pâte solidifiée en dernier lieu, sont toujours plus acides que les cristaux de feldspath du premier temps, infratelluriques.

(***) L'amphibole en contient pourtant une petite quantité, et l'on en trouve même dans le pyroxène.

du mode de comparaison et de rapprochement graphique, que vient d'imaginer M. Michel Lévy pour mettre en lumière, dans la composition des roches, d'une part la teneur en éléments feldspathiques, de l'autre celle en éléments ferrugineux (*), l'un des plus frappants est l'affinité intime, qui attire constamment l'alumine vers la silice, la magnésie vers la chaux. Il est tout à fait exceptionnel de voir de l'alumine avec de la chaux en excès non combinée, elle-même, à la silice, sauf dans certains kersantons.

Si nous prenons, par exemple, deux types extrêmes l'un acide, l'autre basique, un granite contient, en moyenne, 68 p. 100 de silice et 16 p. 100 d'alumine, tous les autres corps comptant seulement pour 16 p. 100, dont moitié d'alcalis; une péridotite renferme 40 p. 100 de silice et 60 p. 100 de magnésie et d'oxyde de fer.

Or les deux poids atomiques du silicium (28) et de l'aluminium (27,5) sont, non seulement presque identiques, mais encore les plus faibles de tous ceux des éléments constituant les roches, si l'on excepte la soude (23), qui, en effet, forme le feldspath le plus acide, l'albite, et entre, par les plagioclases, en fortes proportions dans les roches acides.

La coïncidence n'est pas aussi complète pour les autres métaux des roches; mais, néanmoins, dans l'ensemble, ceux qui prennent part normalement à la composition des roches sont ceux dont les atomes sont les plus légers : Na = 23; K = 39; Mg = 24; Ca = 40; Mn = 55; Fe = 56; Cr = 57,5; Ni = 59. D'une façon générale, la chaux et la magnésie (**) caractérisent les roches basiques; l'alumine

(*) Ces études ont le grand avantage de faire intervenir, dans la détermination pétrographique, la *proportion* des éléments considérés, tandis que, jusqu'ici, en se bornant à un examen microscopique, on n'appréciait que leur nature.

(**) Dans le granite et la granulite, les feldspaths dominants sont l'orthose, le microcline et l'albite, c'est-à-dire des feldspaths potassiques et sodiques. Les plagioclases calcosodiques n'apparaissent qu'accessoire-

et les alcalis les roches acides, beaucoup plus que ne peuvent le faire le fer ou le silicium, dont la présence est un peu banale et dont la proportion seulement est à considérer [*].

Plus nous tendons vers des types basiques, plus l'alumine et la silice disparaissent, plus la magnésie et le fer augmentent : le péridot, caractéristique de ces roches, est un silicate de magnésie plus ou moins ferrugineux ; en même temps, la proportion d'oxygène diminuant, le fer, qui était en oligiste, c'est-à-dire en sesquioxyde, dans les roches acides, passe à l'état de magnétite, c'est-à-dire d'oxyde incomplet, de protoxyde combiné à la silice, ou même de fer natif, dans les roches basiques.

Quant aux métaux plus élevés dans la série et dont le poids atomique est plus considérable, ils n'apparaissent en quantité un peu notable qu'avec les roches les plus basiques, notamment dans les péridotites, ou à l'état de traces dans l'augite des diabases ou les micas de diverses roches, et, lorsqu'ils existent dans les scories plus légères, plus oxydées, c'est en vertu d'une autre catégorie de phénomènes, dont l'influence arrive immédiatement après la densité, l'action des minéralisateurs et des dissolvants.

---

ment et, ce semble, par refusion d'éléments calcaires empruntés à des terrains préexistants, qui, en même temps, forment de l'amphibole (Lacroix, *Min. de la France*, I, 52). Au contraire, dans les diorites, diabases et gabbros, les feldspaths essentiels sont des plagioclases, qui, dans les termes très basiques, aboutissent même à de l'anorthite, le feldspath calcique. La magnésie et le fer commencent à se montrer dans certains plagioclases, mais jouent surtout un rôle dans les micas.

[*] Ces éléments ordinaires des roches sont, comme il est aisé de s'y attendre, ceux qui constituent la presque totalité des gîtes sédimentaires, ceux-ci ne résultant évidemment que de la destruction, de la remise en mouvement chimique ou mécanique de celles-là et, pour la même raison, ce sont également ceux qui jouent un rôle prépondérant dans la composition des mers, où se triturent constamment les roches et se reforment les sédiments. Mais cette eau de la mer, par un phénomène bien naturel, que les analyses de quelques chimistes patients ont mis en lumière avec un peu trop de fracas, contient, en outre, des traces plus ou moins sensibles de tous les métaux contenus dans les roches.

Parmi les éléments accessoires, dont l'intervention dans les roches est très ordinaire, bien que leurs fortes densités ne le fassent pas prévoir, on peut citer le baryum (137) et le strontium (87,5) : ce qui peut s'expliquer par l'analogie de leurs propriétés chimiques avec celles du groupe calcaire.

Dans les roches basiques, considérées comme correspondant au fond du creuset plus dense et moins oxydé, les inclusions métalliques, à l'état d'oxydes incomplets ou de sulfures, jouent un rôle singulièrement plus important que dans les roches acides : ce qui, entre autres raisons, peut tenir à ce fait que, l'oxygène et la silice ayant fait défaut, ces métaux, même lorsqu'ils étaient susceptibles d'entrer en combinaison silicatée comme c'est le cas pour le fer), sont demeurés dans un état de liberté relative. C'est, de même, dans ces roches plus fluides que se sont produites les ségrégations, les différentiations les mieux caractérisées.

Le fer des roches basiques est, tout au plus, à l'état d'oxyde neutre Fe^3O^4, sous forme de magnétite, ou de protoxyde FeO, combiné avec la silice dans les péridots ; mais on le trouve aussi en sulfure, très fréquent dans les diabases, ou même en fer natif (*).

Avec lui, apparait le phosphore, son fidèle compagnon dans tous les gisements où il n'en a pas été séparé par une épuration naturelle, souvent due au métamorphisme.

(*) On connait les deux exemples classiques de fer natif, dans les deux cas nickelifère : à Ovifak, au Groënland, dans une dolérite traversant un terrain tertiaire bitumineux et charbonneux, à l'influence réductrice duquel on a voulu attribuer ce fer natif ; en Nouvelle-Zélande, à l'état d'awaruite contenant 68 de nickel pour 31 de fer, dans une péridotite à spinelle et enstatite. Le fer d'Ovifak contient, pour 1 de nickel, 1/3 de cobalt et 1/5 de cuivre, proportion qui est à peu près celle des pyrrhotines norvégiennes.

M. Vogt a cité d'autres fers nickelifères à Elvo, en Piémont, et à Joséphine, en Orégon.

Le chrome suit une fortune analogue, soit en spinelle, picotite assimilable à la magnétite, soit en fer chromé. Les trois sesquioxydes Fe^2O^3, Cr^2O^3 et, plus rarement, Al^2O^3 se montrent ensemble dans les péridotites.

Le nickel et le cuivre sont à l'état de sulfures dans la pyrite magnétique, ou la pyrite de fer cuivreuse, ou se substituent partiellement au fer dans l'olivine des péridotites.

Le platine et l'or restent à l'état natif, ce dernier métal englobé dans la pyrite de fer, ou les combinaisons séléniées, tellurées, antimoniées, qui peuvent prendre la place des sulfures.

Si l'on veut, d'ailleurs, préciser ces données sur ces magmas basiques, il convient de partir des météorites, qui en semblent le type le plus parfait et, en même temps, le plus profond.

Les météorites, on le sait, renferment, avec des silicates : olivine, enstatite (plus rarement feldspath et pyroxène), du fer natif, du nickel (souvent en pyrrhotine) arrivant à former 17 p. 100 de la masse, du fer chromé, du cuivre, du carbone cristallisé en graphite ou en diamant et un corps, sur la présence duquel nous insistons, parce que son association avec le fer, peu mise en lumière jusqu'ici, est, à notre avis, très caractéristique : le phosphore (*).

Après les gites d'inclusions, qui représentent, en somme, une sorte de résidu, où les métaux proprement dits n'apparaissent en quantités notables qu'à l'état exceptionnel et, un peu, comme des grenailles de fer dans une scorie, le cas ordinaire des gites métallifères est celui où une réelle

---

(*) M. Vogt a insisté, d'autre part, sur l'association du fer et du titane dans les roches basiques (norites, hypérites, etc.).

séparation s'est produite entre la roche mère et le métal qui en est émané, séparation parfois tellement complète qu'il est alors impossible pratiquement de dire à quelle source se rattache tel gite métallifère important, mais, ailleurs, au contraire, à peine esquissée, dans les gites de départ ou de ségrégation directe, souvent appelés aussi gites de contact.

Cette séparation nous semble avoir pu se produire de deux façons distinctes : soit (et c'est le cas le plus rare), par une *ségrégation*, probablement contemporaine de la consolidation, où se sont isolés, dans la masse même d'une roche basique et souvent à sa périphérie, des amas métalliques, que nous rattachons aux gites d'inclusions, parce qu'ils font encore, pour ainsi dire, partie intégrante de la roche, mais qui préparent déjà la transition aux filons ; soit, plus fréquemment, par une *circulation hydrothermale* et minéralisée.

B. — Gites de ségrégation directe et de départ. — Les gites de ségrégation directe, qui correspondent à ce que M. Vogt a appelé les gites de *différentiation* (*), comprennent un certain nombre de concentrations métalliques, particulièrement d'oxydes incomplets ou de métaux natifs, plus exceptionnellement de sulfures, semblant avoir été produites, sans transport à grande distance dû à une intervention spéciale des minéralisateurs, par une sorte de liquation du bain fondu. Ils ne sont que l'exagération et le cas extrême de ces concentrations plus basiques (ferrugineuses ou magnésiennes), qu'on remarque souvent

---

(*) Voir une série de remarquables études, publiées, depuis 1893, dans la *Zeitschrift für praktische Geologie*, sur la formation des gites métallifères par différentiation dans des magmas basiques, sur les amas pyriteux du type Röraas-Rammelsberg, sur les filons d'apatite, les gites de fer chromé et de fer titané, etc.

en certains points des roches basiques, toujours très inhomogènes de leur nature (*).

Les gîtes de ce genre les plus typiques se trouvent dans des péridotites, ou dans des serpentines, produites par l'altération de ces péridotites, et consistent spécialement en magnétite, fer chromé (**), fer titané (***), platine, pyrite de fer, pyrrhotine nickelifère et chalcopyrite (****).

(*) Le type de ségrégation choisi par M. Vogt est le passage au kersanton, dans ses salbandes, d'un porphyre syénitique de Christiania. Or, dans ce kersanton, la proportion de pyrite est quadruplée, celle d'apatite triplée : ce qui semblerait indiquer un accroissement du soufre et du fluor, c'est-à-dire des minéralisateurs, dont les géologues étrangers sont trop portés à diminuer, ou même à supprimer l'intervention.

(**) Nous avions été frappé autrefois de ce que les grandes masses de magnétite et de fer chromé se trouvent surtout dans les serpentines, c'est-à-dire dans le produit d'altération des péridotites, alors que le péridot et le picotite des mêmes roches donnent aisément, en s'altérant, des cristaux microscopiques de ces mêmes minéraux, et nous avions été tenté d'en conclure que la formation même des gisements était le résultat d'une remise en mouvement secondaire, produite par cette altération; mais, comme l'a fait remarquer M. Vogt, la présence d'amas analogues de fer chromé dans des péridotites fraîches est contraire à cette hypothèse. La ségrégation de ces masses métalliques semblerait donc indépendante de la serpentinisation. Il resterait, d'ailleurs, à examiner si cette serpentinisation même n'est pas souvent contemporaine de la cristallisation (comme paraîtrait le prouver sa persistance à de très grandes profondeurs) et si elle n'a pas été produite par un excès de vapeur d'eau, dont la présence, dans le magma fondu, aurait pu, en même temps, faciliter la concentration métallique. Dans le cas des chalcopyrites incluses dans ces serpentines, comme au Monte Catini, l'altération superficielle a eu surtout pour effet de transformer la chalcopyrite en phillipsite, chalcosine et cuivre gris.

(*** M. Vogt a particulièrement étudié les nodules de fer titané, avec spinelle chromifère, qui s'isolent, au milieu de norites à ilménite, dans la région d'Ekersund. Il en a rapproché les magnétites titanifères avec vanadium dans l'hypérite à olivine de Taberg, le fer titané dans le gabbro du Mesabi Range (Minnesota) et les pyroxénites à ilménite, titanate de chaux, tantaloniobate et apatite dans la néphélinite à pyroxène de Jacutinga au Brésil. Ces gisements présentent ce caractère commun d'être au centre des massifs basiques, non à leur périphérie, comme ceux de pyrrhotine nickelifère, et de renfermer toujours le titane allié au fer (comme peut l'être le silicium), plus rarement au magnésium, jamais libre; l'alumine, quand elle existe, est isolée en spinelle.

(****) L'association du nickel et du cuivre avec les pyrrhotines est très fréquente, notamment au Canada. D'autre part, il n'est guère de

Ainsi que nous venons de le supposer dans notre définition, l'influence des minéralisateurs ne nous paraît pas, dans les cas les plus nets, — par exemple, quand il s'agit de fer titané ou de magnétite titanifère dans les norites ou hypérites de Norvège, de fer chromé dans les serpentines d'Asie-Mineure, de l'Oural, du Banat, etc., — avoir été beaucoup plus active pour la concentration de ces métaux que pour la cristallisation des autres éléments de la roche : cristallisation dans laquelle nous croyons, d'ailleurs, contrairement à l'école de M. Rosenbusch, qu'elle est, presque constamment, intervenue.

Mais ce rôle des minéralisateurs nous semble avoir été de plus en plus marqué dans toute cette grande série de gîtes sulfurés, qui, pour le cuivre notamment, commencent avec de véritables inclusions, pour arriver, par de nombreux cas intermédiaires, à des filons de chalcopyrite absolument indépendants de la roche mère, et il y a là tout un groupe de *gîtes de départ ou de contact* (*), que l'on peut, sans doute, pour la simplicité des classifications, rattacher aux gîtes de ségrégation, dont ils dérivent, mais seulement à la condition expresse de remarquer que le rôle des minéralisateurs s'y accentue progressivement et qu'ils amènent, par des transitions insensibles, à de véritables gîtes filoniens.

Nous serions assez disposé à restreindre, beaucoup plus qu'on ne l'a fait, dans ces derniers temps, en Amérique et en Norvège, cette catégorie de gîtes de

___

cuivre qui ne contienne des traces d'or, comme le plomb renferme de l'argent. En Colombie britannique, près de Rossland, dans le district de Trail Creek, on vient de commencer à exploiter pour or une association de pyrrhotine, avec chalcopyrite aurifère, en grandes masses.

(*) Il importe de ne pas confondre, avec ces gîtes de contact par départ immédiat, les filons proprement dits, qui peuvent se trouver accidentellement au contact d'une roche éruptive, simplement parce que ce plan de contact offrait aux phénomènes dynamiques, qui ont ouvert les fractures filoniennes, un plan de cassure facile.

ségrégation et à établir une coupure entre les *gîtes de ségrégation* proprement dits, formés d'oxydes de fer, chrome, ou titane, qui sont toujours restés dans le cœur des massifs basiques, et les *gîtes de départ* sulfurés (pyrrhotines nickelifères, chalcopyrites), qui se sont, au contraire, portés, en raison d'une mobilité plus grande, vers la périphérie de massifs analogues.

Dans la théorie de M. Vogt, qui a admis, en les étendant aux gîtes métallifères, les idées de MM. Iddings et Rosenbusch sur la différentiation *(spaltung)* des magmas, on se refuse, au contraire, à faire intervenir, dans la formation de tous ces gisements, les minéralisateurs et la vapeur d'eau, réduisant tout le phénomène de la ségrégation des oxydes ou sulfures métalliques (comme celui, plus général, de la différentiation des roches) à une simple liquation opérée en vase clos.

Nous ne comprenons pas, pour notre part, pourquoi l'on prétend exclure de ces réactions les éléments gazeux et aqueux sous pression, dont le rôle est tellement essentiel et caractéristique dans toutes les manifestations volcaniques et dont l'intervention a dû être tellement propre à prêter aux molécules confondues dans un bain igné une mobilité, que l'on a quelque peine à expliquer autrement par des différences de température et de pression, par des actions d'endosmose, etc... Nous serions beaucoup plutôt porté inversement à diminuer le rôle des phénomènes purement ignés, pour expliquer la cristallisation de bien des minéraux par la présence de dissolvants sous pression, tels que l'acide carbonique liquide, les chlorures, fluorures ou sulfures alcalins : la présence de ceux-ci étant suffisamment prouvée, en tant de cas, par les inclusions liquides ou gazeuses des cristaux.

Cette divergence de vues avec d'éminents géologues étrangers vient surtout, ce nous semble, de ce que l'école à laquelle se rattache M. Vogt n'admet, comme ayant

joué le rôle de minéralisateurs, comme ayant produit des
gîtes par *pneumatolyse*, que les éléments du groupe fluor,
bore, etc., tandis que nous attribuons une action analogue
à tous les corps dont les fumerolles volcaniques nous
offrent encore aujourd'hui le spécimen.

La plupart des gisements de ségrégation proprement
dits offrent ce caractère commun d'être en nodules, en
boules, en lentilles, en amas limités dans tous les sens et
grossièrement ellipsoïdaux, suivant l'allure comme des
gîtes de fer chromé ou de magnétite au cœur des péridotites; mais, à mesure que l'intervention des minéralisateurs se marque mieux et, en prêtant aux métaux plus de
mobilité, permet leur concentration plus complète en des
points plus propices, notamment sur la face externe du
noyau éruptif, sous le couvercle impénétrable des roches
encaissantes, nous avons des gisements, qui tendent davantage vers le type filonien, qui s'infiltrent en veinules, se
ramifient en stockwerks, parfois se localisent en filons de
contact. Ces derniers types sont particulièrement bien
marqués pour les rares gisements de départ direct et
immédiat, qu'on peut rattacher aux roches acides, c'est-à-
dire à des roches qui, évidemment, contenaient un excès
de minéralisateurs (notamment du fluor ou du chlore); et,
quand l'étain ou l'or se présentent ainsi localisés dans la
roche mère (granulite, trachyte, rhyolite, etc.), c'est à
l'état de filonnets ramifiés, divergents, de fissures de
retrait coincées en profondeur dans la roche.

Mais des types analogues peuvent exister aussi pour les
sulfures émanés des roches basiques, qui, suivant la nature
des métaux ou des minéralisateurs en jeu, suivant la prédominance locale des réactions ignées ou aqueuses, remplissent des gisements très divers, dont l'allure amène
progressivement, par les amas de contact bien connus, pour
les pyrrhotines nickelifères, autour des gabbros norvé-

giens (*), à de véritables filons concrétionnés du genre
des filons plombifères.

C. — Gites filoniens. — Quand on cherche à reconnaitre
quelle a été, pour les divers métaux, l'action variable des
minéralisateurs, on doit constater, d'abord, qu'elle a
surtout produit un départ et une concentration filonienne,
pour ceux des éléments qu'une affinité particulière n'attirait pas vers la silice, et qui, par suite, n'ont pas été
assimilés par elle et englobés à l'état de silicates dans la
pâte même des roches : c'est-à-dire que, dans les filons
métallifères, on ne trouvera, pour ainsi dire jamais, les premiers métaux vraiment caractéristiques des roches, potassium, sodium, magnésium et aluminium et que les suivants,
le calcium, le baryum, le strontium y seront assez rares
et y apparaîtront peut-être simplement comme un emprunt
fait à la superficie. Quant à la silice elle-même, très abondante dans les filons métallifères, elle s'y distingue immédiatement de la silice des roches en ce que, même
lorsqu'elle se trouve en présence de corps comme le calcium,
le baryum, le fer, etc., avec lesquels elle est toujours
combinée dans les roches, dans les filons, elle est restée

---

* D'après M. Vogt, les gabbros norvégiens comprennent trois types
distincts : hypérites à olivine, avec ségrégations oxydées d'ilménite,
rutile, apatite; norites, avec pyrrhotines nickelifères; gabbros à saussu-
rite avec apatite. La localisation des pyrrhotines à la périphérie des gabbros est remarquablement nette à Ertelien, Romsaas, Meinkjär, Lutte,
Bamle, etc... Les sulfures sont, d'ailleurs, un élément constituant de ces
roches, qui présentent à Meinkjär, des types de transition formés d'un
gabbro très riche en pyrrhotine. Cette pyrrhotine englobe tous les
autres minéraux, comme un magma de seconde consolidation plus fusible
et pénètre même dans leurs cassures. Dans d'autres pays, des pyrrhotines sont en relation avec d'autres roches basiques, diorites, diabases,
diabases à olivine. D'après nos observations, les pyrites cuivreuses de
Rio-Tinto, comme les pyrites aurifères du Witwatersrand, auraient, de
même, bien des chances pour être en relation avec des roches de la
serie diabasique.

à l'état libre (*) : ce qui doit tenir à ce que, là, elle a été en présence d'acides plus énergiques (fluorhydrique, sulfurique, ou carbonique), qui ne lui ont pas permis de s'associer avec les bases, ou même l'ont expulsée des combinaisons qu'elle avait commencé par former. Il est bien possible qu'une grande partie de la silice des filons se trouve ainsi à cet état spécial, qu'on a appelé l'état naissant, s'étant déposée au moment même où un acide plus puissant la mettait en liberté.

Par assimilation avec les fumerolles volcaniques, nous admettons que les dégagements gazeux successifs des roches ont, en s'appauvrissant de plus en plus avec la diminution de la chaleur et de l'énergie chimique, été marqués, d'abord par la prédominance des chlorofluorures, puis des sulfures, enfin de l'acide carbonique : chaque terme présentant, en outre des siens propres, les produits des émanations suivantes (sulfures et carbonates avec les fluorures), mais la réciproque n'étant pas vraie.

L'action fluorée semble surtout marquée pour les métaux suivants : étain, titane (**), silicium, tungstène, or, et, peut-être, manganèse et fer : les trois derniers s'étant également formés dans d'autres circonstances et même dans des magmas basiques ; elle a eu pour résultat, par double réaction avec l'eau, la précipitation d'oxydes, sauf dans le cas de l'or, déposé à l'état natif en vertu de sa réduction très facile, et ces oxydes (par un phénomène absolument exceptionnel dans les gîtes métallifères, toujours déposés à l'état réduit) persistent jusqu'aux pro-

----

(*) Comme exception, on doit cependant citer le manganèse, qui se présente souvent dans les filons de métaux précieux à l'état de silicate et, peut-être, l'or qui peut former un aurosilicate. Les silicates ferrugineux, tels que grenat, épidote, etc., ne sont que des produits secondaires.

(**) Il s'agit ici du titane oxydé (rutile et anatase) ; car le fer titané paraît, au contraire, s'être produit sans intervention fluorée, par ségrégation de norites, d'hypérites, gabbros, etc.

fondeurs les plus grandes des exploitations sans passer aux sulfures (*).

Ces métaux se rapprochent, par là, de ceux qui constituent les roches, métaux également oxydés à toutes profondeurs, tandis qu'ils se différencient des métaux filoniens ordinaires, unis, pour la plupart, au soufre ou à ses homologues. En outre, le caractère des gisements eux-mêmes présente quelque chose de corrélatif : ces métaux, qui, manifestement, n'ont pu se dégager de la roche qu'à très haute température et par l'intervention de dissolvants très énergiques, ne s'en sont jamais beaucoup écartés : ils partent des gites d'inclusions proprement dits pour présenter les types : fissures de retraits, stockworks (c'est-à-dire réseaux de veines irrégulières et ramifiées), gites de contact et n'arrivent qu'exceptionnellement à remplir des filons proprement dits, toujours au voisinage des roches acides et en présence d'un excès de silice : c'est-à-dire que, lorsqu'ils ont cristallisé en filons, ils l'ont fait probablement dans des conditions analogues à celles qui ont dû marquer la cristallisation des granulites, sous pression, en présence de dissolvants très actifs et à température relativement haute.

L'action sulfurée, action minéralisatrice par excellence, a produit la plus grande partie des gites métallifères, fer, cuivre, nickel, cobalt, bismuth, antimoine, plomb, zinc, argent, mercure.

C'est la plus connue et celle sur laquelle il est, par suite, le moins nécessaire de s'étendre.

Enfin, quand les fumerolles d'acide carbonique se sont produites, il n'est pas certain que les roches aient été encore assez chaudes pour livrer en grande quantité leurs métaux, sauf peut-être ceux qui se trouvent également dans

---

* On a cependant trouvé un peu de sulfure d'étain dans les gites d'étain boliviens.

les roches consolidées de la surface et les terrains sédimentaires, fer, manganèse, calcium, magnésium (*),
baryum et strontium ; les fumerolles, à ce moment,
paraissent surtout avoir eu pour effet d'amener des car-
bures divers vers la surface. Mais, dans cette phase, une
réaction, qui a dû également jouer un rôle dans les
phases précédentes, semble avoir pris une importance
prépondérante : c'est l'action des eaux thermales filoniennes, chargées d'un acide, qui était, dans ce cas,
l'acide carbonique, sur les roches et terrains traversés
par leur circuit.

Dans les fumerolles chaudes, fluorées et même sulfurées,
nous ne pensons pas que cette action ait eu grande importance, précisément parce que le trajet du point d'éma-
nation au point de dépôt a dû être très court, comme le
montre l'étude des gisements et, comme l'indique, *a priori*,
la nécessité que la température et l'abondance des dissolvants volatils aient pu se conserver dans la dissolution
filonienne. Au contraire, les eaux, chargées d'acide carbonique, ont pu séjourner et circuler longuement dans les
terrains, ainsi qu'elles le font encore dans tant de bassins
de sources thermales; et un déplacement purement superficiel, une remise en mouvement, comparable à celle que
M. von Groddeck en Allemagne ou M. Dieulafait en
France ont voulu étendre à tous les gites métallifères, a
pu, dans ce cas particulier, produire des dépôts restreints
et assez superficiels de chaux, de baryte, de strontiane, de
fer ou de manganèse, à l'état de carbonates ou d'oxydes :
c'est un point sur lequel nous aurons à revenir.

(*) La présence de sidérose, calcite et dolomie à de grandes profondeurs dans les filons Przibram, Freiberg, peut, à la rigueur, s'expliquer ainsi.

DEUXIÈME PARTIE.

Rôle des phénomènes d'altération superficielle et de remise en mouvement dans la formation des gites métallifères.

Les phénomènes dont il va être question ici ont, comme nous l'annoncions dès le début, une importance souvent très considérable et, dans bien des gisements d'une grande valeur industrielle, ce sont eux qui ont donné son allure actuelle à toute la partie utilisée. Il est d'autant plus essentiel d'en bien définir le caractère que, très souvent, prenant la partie pour le tout, et le corollaire pour le théorème, on a attribué, à tout l'ensemble d'un gite profond, les conclusions d'âge, de nature et de mode de formation applicables seulement à ces remaniements superficiels (*). Même au point de vue des prévisions pratiques sur l'avenir d'un gite, une semblable faute de raisonnement a pu conduire à de graves erreurs.

Nous examinerons bientôt un certain nombre de métaux successivement, de manière à préciser les idées; mais, auparavant, il nous paraît nécessaire d'envisager d'abord, d'une façon plus générale, les phénomènes sur lesquels nous voulons appeler l'attention, en les considérant dans leur principe, leurs agents, leur mode d'action et leurs effets.

Compris dans leur sens le plus strict, les phénomènes d'altération superficielle et de remise en mouvement sont ceux qui se produisent *actuellement* dans la zone de libre circulation des eaux, séparée de la zone des eaux per-

---

(*) Cela a conduit à considérer, comme d'âge presque contemporain, tels gites de fer, de plomb ou de zinc, en réalité beaucoup plus anciens.

manentes, par ce qu'on appelle le *niveau hydrostatique*, sous l'action de l'oxygène, de l'acide carbonique et des divers agents chimiques apportés par ces eaux au contact des minerais.

Ce sont donc des phénomènes en rapport avec une période d'émersion et de dénudation continentale, et l'on peut, tout au moins en théorie, envisager la possibilité que des réactions semblables aient eu lieu pendant d'autres périodes d'émersion, antérieures aux derniers mouvements qui ont donné au sol son allure actuelle et que, par une circonstance assez exceptionnelle (notamment par un mouvement du sol, le niveau hydrostatique s'étant relevé localement et non abaissé, comme c'est sa tendance normale[*], ces produits d'altération, au lieu d'être emportés et détruits ensuite, se soient trouvés préservés, conservés jusqu'à nous, dans une zone relativement profonde, désormais invariable. Les gites de cuivre du Lac Supérieur présentent, peut-être, un cas de ce genre.

Il y a également lieu de se demander, bien souvent, dans les filons, si des enrichissements locaux, qu'on a l'habitude de rencontrer aux points d'intersection de croiseurs, même postérieurs au remplissage et divers phénomènes du même genre ne tiennent pas à une remise en mouvement, à une concentration de minerais, une première fois déposés : remise en mouvement produite, dans la circulation d'eaux chaudes, qui pouvaient ne pas même être minéralisées, à la suite d'une réouverture. Nous croyons que bien des particularités des gisements peuvent s'interpréter ainsi,

---

[*] L'erosion des parties saillantes a pour effet ordinaire d'abaisser le niveau hydrostatique. Un relèvement local de ce niveau hydrostatique, qui n'a guère pu se produire que dans un phénomène dynamique, comme un plissement ou un surélèvement restreint du sol, a dû avoir pour effet de noyer, dans un bain d'eau immobile et désormais incapable de produire sur le gite aucune modification, une partie des minerais antérieurement soumise à la circulation des eaux oxydantes et altérée par elles.

surtout si l'on fait intervenir l'acide carbonique, qui a pu être très abondant dans les dernières venues hydrothermales d'un champ filonien et qui a dû influer, par suite, sur le dépôt des carbonates.

La remise en mouvement des éléments métallifères a toujours en lieu par l'intervention de l'eau, et son principe est une dissolution, qui peut se produire par simple contact et sans altération chimique pour des minéraux solubles, comme les chlorures, nitrates et borates alcalins, mais qui, plus généralement, est précédée par une modification du minerai filonien, sous l'action des réactifs apportés par l'eau superficielle.

De ces réactifs, le premier et le plus important est l'oxygène, qui fera passer les sulfures insolubles à l'état de sulfates solubles. Dans son ensemble, l'altération superficielle est caractérisée par une oxydation, d'autant mieux marquée que les gites métallifères profonds semblent, en principe, avoir été déposés dans un milieu réducteur ; en sorte que la partie altérée forme un contraste frappant avec la partie profonde.

Après l'oxygène, vient l'acide carbonique, — emprunté, soit à l'air, soit aux calcaires, mis en contact avec un acide plus énergique, tel que l'acide sulfurique, — qui transforme les carbonates, pour la plupart insolubles, en bicarbonates solubles. Parmi les métaux, pour lesquels son influence a été le mieux marquée, on peut citer le calcium (carbonate et phosphate de chaux), le baryum, le strontium, le magnésium, le fer, le manganèse, le nickel, le cuivre, le zinc et le plomb.

Puis on constate également l'intervention dissolvante des nitrates, chlorures, fluorures, etc.

Les nitrates, par exemple, ont, dans les couches superficielles, un rôle bien connu, et les travaux, qu'a motivés leur influence en agriculture, ont montré que leur azote devait être emprunté à l'air par l'intervention de certains microbes, pour passer ensuite dans le cycle continu de la vie.

La présence presque constante du chlore et du fluor dans les terrains est prouvée également, non seulement par des analyses directes, mais encore par divers phénomènes, tels que la fossilisation des os, toujours accompagnée, d'après les beaux travaux de M. Carnot, par une fluatisation, rapprochant peu à peu le phosphate des os de celui des apatites (*). M. Munier-Chalmas a, d'ailleurs, étudié, dans les terrains sédimentaires du bassin parisien, de la fluorine de formation récente.

D'une façon générale, on peut dire que les eaux superficielles contiennent, presque constamment, les éléments nécessaires à la dissolution des substances les plus insolubles en apparence (l'or, par exemple, qui a subi des recristallisations dans les parties hautes des filons).

Une fois les métaux entrés ainsi en dissolution et doués, par suite, d'une mobilité qu'ils n'avaient pas à l'état solide, ils subissent un transport plus ou moins long, sont l'objet d'une concentration plus ou moins marquée (notamment, dans certains cas, sous l'influence de ces agents puissants, bien qu'assez mal définis dans leur principe, qui sont les

---

(*) M. Carnot a montré (Mémoire sur les phosphates. *Annales des Mines*, 1896, p. 43) que 1 mètre cube d'eau de l'Océan Atlantique renferme 0ᵍ,822 de fluor, ou 1ᵍ,687 de fluorure de calcium. Il a également appelé l'attention sur ce fait remarquable que, tandis que les apatites sont, à la fois, chlorurées et fluorées, les phosphates sédimentaires (comme les os fossiles), bien que formés en présence des chlorures de la mer, sont toujours exclusivement fluorés.

On constate directement la présence du chlorure de sodium à l'état d'inclusions dans certains minéraux (quartz, etc...).

La concentration du phosphore et de l'arsenic disséminés semble se produire dans des conditions assez analogues à celles que l'on a étudiées pour le fluor, et c'est ainsi que, dans les parties hautes de certains gîtes de galène, on est surpris de voir apparaître des chlorophosphates ou chloroarséniates, la pyromorphite et la mimétèse, quand la présence du phosphore et de l'arsenic dans le filon est, tout au moins, masquée en profondeur.

organismes vivants, ou les matières à cellules organisées[*], se séparent ainsi les uns des autres par une véritable métallurgie naturelle et finissent par se reprécipiter isolément, sous des forces diverses, contact d'une paroi, évaporation, diminution de température ou de pression, dégagement de l'excès d'acide carbonique, etc., tantôt à l'état peroxydé, tantôt, au contraire, à l'état réduit, quand des matières organiques ou des hydrocarbures sont intervenus.

A moins de circonstances exceptionnelles et, par exemple, de réactions successives se détruisant l'une l'autre, l'effet de ces déplacements a été généralement de tendre à séparer les métaux, d'abord confondus, en produisant, pour chacun d'eux, le composé le plus insoluble et, en même temps, suivant une remarque de M. Dieulafait[**], la combinaison la plus stable, c'est-à-dire, d'après les lois de la thermochimie, celle qui, en naissant, développe le plus de calories : par exemple Fe^2O^3 pour le fer, MnO^2 pour le manganèse, $ZnOCO^2$ pour le zinc, etc... Mais cela suppose implicitement que l'oxygène et l'acide carbonique aient pu agir en excès et, d'autre part, qu'il ne soit pas intervenu d'action réductrice étrangère, ou d'influence calorifique, telle que celle développée dans le dynamo-métamorphisme. En cas contraire, les sels résultant de l'altération ont pu être tout différents, et les gisements peuvent présenter les métaux sous des formes, en quelque sorte intermédiaires et provisoires, telles que les protocarbonates de fer, de manganèse, etc.

La solubilité des sels produits a pu également intervenir (et cela d'une façon diverse suivant chaque métal).

---

[*] Nous laisserons ici de côté l'influence de la vie, qui a participé puissamment aux concentrations produites par certaines remises en mouvement, surtout dans les dépôts sédimentaires (chaux, silice, oxyde de fer, sulfure, etc.), mais quelquefois aussi dans les terrains superficiels eux-mêmes (rôle des micro-organismes dans la nitrification ou la phosphatisation, etc...).

[**] C. R., 1885, 1. CI, pp. 609, 644, 676 et 842.

pour les emporter à distance (quelquefois dans la profondeur même du gisement), avant que les réactions complètes n'aient été achevées sur eux dans le gisement même, et c'est ainsi qu'un appauvrissement en fer, et surtout en cuivre, est parfois très marqué dans les parties hautes des gites sulfurés.

Pour un métal déterminé, il s'est produit ainsi des modifications dans la nature des minerais, telles que le passage de la chalcopyrite au cuivre gris ou à la chalcosine, de la galène argentifère au sulfure d'argent; certaines cristallisations géodiques dans l'axe des filons anciens, qu'on attribuait jadis à une dernière phase de la venue hydrothermale profonde, peuvent également résulter d'une modification postérieure de ce genre.

Un fait absolument essentiel dans l'ordre d'études que nous abordons, c'est le rôle chimique des terrains encaissants sur ces réactions superficielles produites dans les filons en milieu oxydant. L'allure et l'intensité des phénomènes ont été, comme nous le verrons, toutes différentes, suivant que le terrain encaissant fournissait, ou non, un agent chimique capable de les activer, et leur paroxysme a toujours été atteint dans les calcaires, où leur extension même a très souvent fait qu'on ne les a pas compris et qu'on les a rapportés à de tout autres causes.

En résumé, les principales formes de dépôt réalisées par ces altérations ont été les suivantes, en laissant de côté les sels solubles, chlorures, nitrates, sulfates et borates alcalins, qui sont allés se concentrer dans certains bassins d'évaporation fermés;

Quelquefois, il s'est produit des veinules, des enduits, des précipitations de formes diverses, comme pour le carbonate de chaux et, à un degré moindre, pour la magnésie, la baryte et la strontiane, avec tendance, pour chaque métal, à atteindre la forme carbonatée si le soufre fait défaut, sulfatée si ce métalloïde se présente.

Quand il s'agit de phosphate de chaux, de barytine, de sesquioxyde de fer, de bioxyde de manganèse, de silicate de nickel, d'oxyde noir de cobalt, de carbonate ou d'oxyde de cuivre, on a un autre type de gisements extrêmement important, sur lequel nous allons revenir bientôt : celui des poches superficielles, résultant de la dissolution de la roche encaissante (généralement un calcaire, parfois une roche magnésienne, comme une péridotite ou une serpentine) par l'eau chargée d'acide carbonique et remplies par l'argile rouge, résidu de sa dissolution, avec veinules, rognons, nodules, ou lits des divers éléments métallifères concentrés.

Enfin, pour le fer, le zinc et le plomb, on a le type des grands amas carbonatés (type calaminaire), passant : pour le fer, au peroxyde ; pour le plomb, au sulfate, avec remplissage local de grottes, produites pendant l'altération même et donnant lieu à quelques-unes des exploitations les plus considérables, parmi celles qui alimentent l'industrie de ces métaux.

Nous allons insister un peu sur ces deux types des poches superficielles et des amas.

En ce qui concerne les poches superficielles, il suffit d'avoir observé une tranchée dans la craie du bassin parisien, pour avoir constaté l'allure de ces poches de décalcification, produites par l'infiltration des eaux météoriques. Les grottes et les abîmes des plateaux calcaires nous fournissent d'autres exemples, encore plus développés, de cavités produites par un phénomène analogue, et leur étude, entreprise avec tant d'énergie et de persévérance par notre ami M. Martel, est, pour l'interprétation de nombreux gisements de ce genre, ou, comme nous le verrons en détail, des formations du type calaminaire, du plus haut intérêt ; dans ces deux cas, il se dépose, comme résidu de la dissolution, au fond des excavations, une argile rouge ferrugineuse. Quant aux sels métalliques, tantôt ils se sont déposés, par couches concrétionnées, sur les faces d'un vide préexistant, comme les stalagmites dans une grotte ou comme les minerais dans un filon ; tantôt, au contraire, ils ont pénétré dans la masse même du calcaire, en profitant de toutes ses fissures, par un phénomène de substitution, que nous allons bientôt voir poussé à l'extrême dans la constitution des gîtes calaminaires.

C'est au milieu de ces argiles, dans des poches semblables, qu'on exploite les phosphates et les manganèses du Nassau, les phosphorites du Quercy, les fers en grains sidérolithiques du Berry, de Meurthe-et-Moselle, etc., les malachites et cuprites de Mednorondiansk, dans l'Oural, etc., et l'altération de roches magnésiennes a, par un phénomène analogue, produit les gîtes de garniérite, asbolite et fer chromé de la Nouvelle-Calédonie.

Dans tous ces cas, le mode de concentration des substances utiles est très net ; mais leur origine première peut être plus discutable.

Si nous commençons, par exemple, par le cas le plus typique, il est à peu près évident que, dans le cas du nickel de la Nouvelle-Calédonie ou du cuivre de l'Oural, on a affaire à la remise en mouvement d'éléments métallifères, empruntés à la roche encaissante, dans laquelle ils pouvaient former, ici un gîte d'inclusions, là un gîte filonien.

On est un peu plus embarrassé quand il s'agit d'autres substances, telles que le phosphore, le fer, la baryte et le manganèse, et l'on a quelquefois soutenu, alors, que les poches en question avaient été directement produites par une venue hydrothermale, dont elles auraient représenté l'émergence, le griffon. Dans la plupart des cas, sinon dans tous, nous ne voyons là, au contraire, que le produit d'une semblable remise en mouvement de corps empruntés aux roches ou aux terrains.

C'est, en effet, un fait des plus clairs que la facilité avec laquelle des traces de ces divers éléments, éparses dans

un terrain, peuvent se concentrer localement. Chacun de
ces métaux est aisément soluble dans les eaux superficielles et, pour ne citer que les deux pour lesquels le
fait est le moins connu, on a des exemples nombreux de
barytine pseudomorphosant des fossiles, et l'on connait, à
Behnés, du phosphate de chaux, substitué molécule par
molécule à du calcaire carbonifère, où apparaissent encore
les traces des encrines. Facilitée, en outre, dans certains
cas, par les matières organiques, qui attirent nombre
d'éléments chimiques en dissolution : phosphate de chaux,
silice, pyrite de fer, etc., et les accumulent sur les organismes disséminés dans un terrain (*), la concentration
de métaux, d'abord très dilués, a pu arriver souvent à
former de véritables gisements. Mais elle a été, nécessairement, d'autant plus marquée que le corps en question
était déjà plus fréquent dans le terrain sous-jacent, et
elle a atteint son maximum, quand il en existait déjà un
véritable gisement, filonien ou sédimentaire, en profondeur.

Ainsi, pour le phosphate, on n'utilise, bien souvent, que
la concentration superficielle, plus ou moins récente, d'un
gite pauvre ancien (**) : par exemple, les affleurements

(*) M. Carnot, dans son beau mémoire sur les phosphates (*Annales
des Mines*, août 1896, p. 40) a remarqué que les fossiles s'étaient souvent
phosphatisés en raison inverse de la largeur des pores, par une substitution où semblent être intervenues des actions d'endosmose.

(**) Je laisse ici de côté les décompositions de matières organiques
accumulées, qui paraissent avoir produit directement certains gites
phosphatés en Floride, en Caroline ; c'est pourtant là encore un exemple
de remise en mouvement par les eaux.

Beaucoup des grandes accumulations phosphatées se sont produites,
après une période d'émersion, sous forme de dépôts, soit continentaux,
soit littoraux à la façon de l'oxyde de fer, et la concentration du phosphate peut tenir, dans ce cas, tantôt à des accumulations organiques,
comme celles auxquelles on attribue, pour une époque récente, les
phosphates de la grotte de la Minerve, ceux de la Floride, de la Caroline, etc. ; tantôt à la redissolution d'éléments phosphatés, d'abord disséminés dans les terrains émergés et soumis ainsi, pendant de longues

décomposés de tant de couches phosphatifères, dans l'Auxois (*), etc. ; les poches de sables phosphatés de la Somme (**) ; les poches à phosphates du Nassau (***), et il est très probable que les élargissements phosphatés que l'on a exploités à Cacérès dans les calcaires (****), ou les remplissages de phosphorite du Quercy (*****), ne sont, de même, que la concentration superficielle d'un gîte antérieur, dont la forme primitive, filon hydrothermal ou simple diffusion à l'état organique dans les terrains, peut être discutable pour chaque cas.

Le cas est le même pour les poches de fer en grains, situées dans des régions comme Meurthe-et-Moselle (******) ou l'Anjou (*******), qui renferment d'importants dépôts de fer en profondeur, pour les gisements d'oxyde de fer exploités aux affleurements de certaines couches à sul-

---

périodes, aux actions météoriques. Sans insister ici sur ce point, nous citerons seulement, comme exemple de phosphates déposés en basses eaux, lors d'une régression marine, le wealdien anglais, avec ses couches d'eau douce, au-dessus desquelles les premières formations sableuses ou argileuses littorales renferment : les phosphates de Sandy, dans le Bedfordshire ; plus haut, ceux de Folkestone (équivalent de Boulogne) ; puis, dans le gault, ceux d'Ely (Cambridge). Le niveau des sables verts est riche en phosphates dans les Ardennes, l'Argonne, la Drôme, l'Ardèche. A Pernes et Fauquemberghes, dans le Nord, le tourtia, sorte de conglomérat superposé au terrain primaire et formant la base du crétacé, est souvent riche en phosphate. La craie phosphatée sénonienne paraît également s'être déposée dans des eaux très peu profondes et les phosphates de Tunisie et d'Algérie ont dû se former sur des côtes basses ou dans des lagunes. Le phosphore est un des éléments les plus abondants dans toutes les roches et dont la concentration purement superficielle est, par suite, la plus admissible.

(* *Gîtes métall.*, I, p. 367.

(** *Ibid.*, p. 391.

(*** *Ibid.*, p. 361.

(****) *Ibid.*, p. 347. Il paraît que, dans l'Estramadure, il s'agit bien réellement de filons d'apatite et de quartz, comparables à ceux d'Oddegaarden en Norwège, et dont la phosphorite a bien la teneur en fluor des apatites.

(*****) *Ibid.*, p. 348. Ces phosphorites ont été, en toute hypothèse, déposées par des dissolutions de phosphate, chargées d'acide carbonique.

(****** *Ibid.*, p. 805.

(*******) *Ibid.*, p. 733.

Jures complexes comme en Silésie (*), pour ces grands chapeaux d'oxyde de fer, qui recouvrent en débordant au-dessus les amas pyriteux, etc.

Quand ce fer, en profondeur, renferme du manganèse, la proportion de manganèse peut, par la différence de solubilité des deux sels, s'accroître, dans cette altération, jusqu'à en constituer un véritable gisement. Ces gisements de bioxyde de manganèse, purement superficiels, sont des plus fréquents. Et, dans les mêmes conditions, il se concentre également de la baryte (**).

Chacun connaît, d'ailleurs, ces petits grains noirs manganésifères, qu'on voit au milieu des limons superficiels, ces veines ferrugineuses, qui se produisent constamment dans les fissures des roches, etc...

Quant au type des amas calaminaires, il est bien connu pour le zinc, quoiqu'on l'ait généralement interprété autrement que nous ne le faisons ; il l'est moins pour le fer, pour le manganèse (***) et surtout pour le plomb. Cela tient à ce que, pour le zinc, le carbonate est la forme stable, qui a toujours une tendance à se produire et à subsister ; le zinc ne peut se transformer en peroxyde, comme le font en général le fer et le manganèse, quand ils ont commencé par prendre provisoirement la forme carbonatée ; quant au plomb, très insoluble à l'état de sulfate ou de carbonate, il passe, bien plus rarement que les métaux précédents, à un état oxydé et reste, au contraire, même dans les gites altérés, en sulfure.

Il n'en est pas moins vrai que, pour le fer, le manga-

(*) *Gîtes métal.*, t. I, p. 769.

(**) M. Dieulafait (*C. R.*, t. CI, p. 324, 1885) a étudié, dans le calcaire de Biot, Roquefort et Villeneuve (Alpes-Maritimes), des dépôts de sables tertiaires, à la base desquels se sont concentrés du manganèse et de la baryte, qui, d'après ses analyses, avaient commencé par être disséminés sur toute la hauteur du terrain et y avaient été, suivant lui, apportés par la simple destruction des roches cristallines.

(***) Nous reparlerons des amas de las Cabesses, dans l'Ariège.

nèse et le plomb, la forme de grands amas carbonatés existe, absolument comme pour le zinc, et nous la considérons également comme résultant de l'altération superficielle de gîtes sulfurés (ou silicatés) [*], encaissés dans des calcaires, et de la substitution du carbonate métallique au carbonate de chaux, substitution qui paraît, pour le zinc, avoir été facilitée quand ce calcaire était magnésien.

Il y a là un point sur lequel nous devons insister: car nous ne nous dissimulons pas que nous heurtons ici les idées généralement admises.

Pour nous, les grands amas carbonatés ne sont pas le produit d'un dépôt direct et originel à l'état de carbonate, mais le résultat d'une remise en mouvement d'éléments, d'abord arrivés de la profondeur, sous une forme généralement sulfurée, exceptionnellement peut-être chlorurée. Cette transformation carbonatée est, par suite, — au moins si on la considère en grand — localisée dans les terrains calcaires et restreinte au-dessus du niveau hydrostatique de la région.

Sans vouloir nier la possibilité et même la probabilité que du carbonate de fer ou de manganèse ait pu être directement apporté par des eaux filoniennes (ce qui nous paraît, au contraire, presque certainement inexact pour les carbonates de plomb, et même de zinc), et en laissant de côté, bien entendu, les dépôts de carbonate de fer lithoïde, qui ont pu se faire par voie sédimentaire dans certains bassins où dominaient les éléments réducteurs (par exemple, à l'époque houillère), ou ceux d'oxyde de fer, qui ont eu lieu, au contraire, dans des conditions littorales, nous croyons que, dans l'immense majorité des cas, le fer, apporté par voie filonienne hydrothermale, a commencé par se déposer à l'état de sulfure [**]) et que,

---

[*] Silicatés dans le cas du manganèse.

[**] On doit également citer pour mémoire le cas de chlorure de fer, constaté dans les fumerolles volcaniques.

si nous le trouvons a l'état de carbonate ou d'oxyde dans ces filons ou amas filoniens, c'est par une altération superficielle, plus ou moins avancée suivant les cas.

Ce n'est pas pour une autre raison, à notre avis, que l'on voit toujours les grands amas de carbonate de fer exclusivement encaissés dans les calcaires, tandis que les grands amas pyriteux, au contraire, existent seulement dans les schistes, et c'est également la cause pour laquelle, dans des filons altérés, la sidérose accompagnera fréquemment d'autres minerais, dus aussi au métamorphisme, comme le cuivre gris.

Dans notre hypothèse — et c'est un point sur lequel nous reviendrons bientôt — les grands amas de fer carbonaté, plus ou moins transformés eux-mêmes en oxyde, ne sont, comme ceux de zinc ou de plomb carbonaté, que des affleurements de filons sulfurés complexes, auxquels on arriverait si l'on s'enfonçait suffisamment.

C'est peut-être même par un phénomène analogue, mais très ancien et ayant été alors suivi d'un métamorphisme qui a fait passer entièrement le carbonate en oligiste ou magnétite, que l'on trouve, comme à Mokta-el-Hadid, des amas de ces oxydes, localement substitués à des calcaires.

TROISIEME PARTIE.

Application des idées précédentes à quelques métaux.

Laissant maintenant de côté ces idées générales, nous allons les préciser par l'examen de quelques cas particuliers : ce que nous ferons en étudiant successivement divers métaux. Nous ne les prendrons pas tous : outre que cela nous entraînerait bien au-delà des limites de ce mémoire, nous nous trouverions arrêté par nombre de cas douteux et d'une interprétation encore mal élucidée; même dans les exemples que nous citerons, nous serons obligé souvent de dire nos incertitudes; mais les exemples bien clairs seront néanmoins assez nombreux pour appuyer les conclusions que nous voulons en déduire, et les autres serviront peut-être à attirer l'attention des observateurs sur quelques problèmes intéressants à résoudre.

Métaux alcalins. — Si nous commençons par les métaux alcalins, potassium, sodium et lithium, leur gisement primitif est, nous n'avons pas besoin de le dire, dans les roches cristallines, dont la principale, le granite, en renferme de 8 à 9 p. 100. Ces alcalis s'y trouvent dans les feldspaths et dans les micas. Le feldspath essentiel des granites, l'orthose, est un feldspath potassique, contenant, à l'état pur, 16,9 p. 100 de potassium, mais souvent mélangé de feldspaths sodiques, ou même calcaires; avec l'albite et les plagioclases domine, au contraire, la soude.

Dans les biotites, il entre de 6 à 8 p. 100 de potasse et de 0,2 à 1,40 de soude; dans la muscovite, jusqu'à 11,8 p. 100 de potasse, avec 0 à 2,50 de soude, dans la lépidolithe, 10,9 p. 100 de potasse et 4,2 p. 100 de lithine.

Ces alcalis sont très aisément solubles en présence des divers acides que renferme, un peu partout, une eau de surface, notamment l'acide carbonique emprunté à l'air, les acides chlorhydrique, nitrique ou sulfurique; et la lente corrosion superficielle de tous les massifs cristallins, aussi bien que la destruction de ces roches au fond de tous les anciens bassins sédimentaires, a dû avoir pour effet d'en concentrer des quantités considérables dans toutes les eaux courantes, qui les apportent elles-mêmes aux mers et aux lacs. La dissolution opérée sur un feldspath ayant toujours pour effet de forcer notablement, dans la liqueur, la proportion de la soude par rapport à la potasse, on s'explique aisément comment ces eaux sont, avant tout, sodiques.

Nous croyons, d'ailleurs, que la salure des mers doit, en dehors de cette cause enrichissante, tenir à un phénomène géologique ancien, du même ordre interne que celui qui a rassemblé ces alcalis dans l'écorce et datant peut-être de la première consolidation du globe.

A leur tour, ces mers, en s'évaporant à diverses époques géologiques, ont laissé, dans les terrains sédimentaires, d'énormes amas alcalins, dont l'un, celui de l'Allemagne du Nord, n'a pas été traversé sur moins de 1.700 mètres d'épaisseur par le sondage de Sperenberg et la dissolution très facile, en même temps que l'abondance de ces sels, expliquent assez comment les alcalis sont, de tous les côtés, sur l'écorce, à l'état de circulation et de remise en mouvement constantes, si bien qu'il devient souvent impossible de dire à quel stade ils en sont de leur évolution.

On connaît les dépôts d'évaporation, soit anciens, soit récents, où la soude et, plus rarement, la potasse, se trouvent à l'état de chlorures, de nitrates, de sulfates, de carbonates, ou de borates.

Dans les gîtes filoniens proprement dits, les alcalis ne semblent pas s'être déposés au moment de la formation du filon : ce qui ne veut pas dire qu'ils n'aient pas été en grande abondance (comme nous le supposons, au contraire), à l'état de carbonates ou de sulfures, dans la circulation hydrothermale qui a incrusté ces filons, mais ce qui s'explique par leur solubilité même, celle-ci n'ayant pas permis le dépôt.

Quand on en trouve, c'est par un emprunt plus ou moins direct aux roches cristallines avoisinantes : notamment à l'état d'albite, ou de zéolites, et, ce nous semble, toujours comme un minéral de formation récente.

L'albite se présente dans les filons de galène de

Pesey (Haute-Savoie), ceux de blende d'Anglas (Eaux-Bonnes), etc. (*).

Les zéolites, sortes de feldspaths hydratés à base d'aluminium, calcium, potassium ou sodium, plus rarement de baryum ou de strontium, sont toujours des produits secondaires d'altération aqueuse, associés avec d'autres produits secondaires, tels que la calcite, l'opale, l'épidote, la chlorite, et présentent l'un des exemples les plus nets de ces remises en mouvement que nous étudions en ce moment, appliquées aux alcalis des roches.

Dans les filons métallifères, qui constituent un des gisements connus de ces minéraux, de même que dans les vacuoles de roches basiques, c'est généralement une modification récente et limitée au niveau hydrostatique, qui a donné ces minéraux, parfois associés avec des métaux natifs, résultant eux-mêmes très probablement d'une réduction superficielle ; tout au moins, ces zéolites paraissent-elles avoir été toujours formées aux dépens des roches encaissantes, bien qu'évidemment un apport hydrothermal et filonien pût logiquement s'être produit.

La laumonite a été découverte aux affleurements des filons de plomb de Huelgoat ; l'harmotome est connue à Saint-Andreasberg, dans le Harz, et à Kongsberg en Norvège ; d'autres zéolites ont été également trouvées à Saint-Andreasberg, etc.

Dans un gisement connu de zéolites, les mines de cuivre du Lac Supérieur, nous croyons trouver la trace d'une remise en mouvement très accentuée, qui, il est vrai, descend fort au-dessous du niveau hydrostatique correspondant aujourd'hui à l'élévation des eaux du grand lac voisin, mais qui peut, à une époque relativement récente, avoir été en relation avec un niveau alors différent de ces eaux.

(*) Lacroix, *Minéralogie de la France*, t. II, p. 157.

Il semble bien, en effet, dans ce cas du Lac Supérieur, que la forme primitive du gite ait été un grès ou un conglomérat cuprifère d'âge précambrien, analogue aux couches semblables qu'on connait dans le permien de Pérou ou de Corocoro et comparable également, par divers caractères, au conglomérat aurifère du Witwatersrand. Mais l'allure actuelle d'une grande partie de ces gisements, où l'on trouve les zéolites et la calcite, avec du cuivre et de l'argent natifs, est une allure d'altération : les métaux sont en relation avec des épidotites, des produits de pseudomorphose divers, sans compter les zéolites (laumonite, analcime, prehnite, etc.), et l'on a pu même soutenir que la précipitation du cuivre à l'état natif avait été produite par une sorte de cémentation, sous l'action des grains de fer oxydé disséminés dans les diabases.

On a retrouvé les zéolites, associées au cuivre natif, dans des conditions très analogues, à Sumbö et à Naalsö, au sud des Féroé, et, là aussi, il a été bien démontré que le cuivre avait pris, par un phénomène de métamorphisme secondaire, la place de minéraux préexistants, notamment de feldspath.

A Kongsberg également, M. Daubrée a signalé la présence de zéolites, qui peuvent n'être pas sans relation avec la présence persistante en profondeur de l'argent natif, minerai généralement secondaire et superficiel; dans les parties hautes de nombre de gisements argentifères, en même temps que l'argent natif apparaissait par altération, on a rencontré également des zéolites : harmotome au Sarrabus, en Sardaigne, etc.

Calcium, baryum, strontium. — Les minéraux du groupe chaux, baryte, strontiane, sont parmi ceux qui forment, le plus fréquemment, la gangue des filons métallifères, et ils ont dû y arriver parfois dans les mêmes conditions que les métaux auxquels ils sont associés, apportés directement de la profondeur par les fumerolles (*) ; il semble bien pourtant qu'une grande partie de ces substances ait été empruntée par les eaux thermales, dans leur trajet souterrain, aux roches cristallines, qui en contiennent toujours une quantité notable (**), et, comme ces éléments se retrouvent un peu partout dans les terrains sédimentaires, il est même possible qu'ils aient été parfois simplement introduits, dans les parties superficielles des filons, par les remises en mouvement récentes.

Ce dernier ordre de réactions, qui nous intéresse particulièrement, est, en tous cas, parfaitement certain et admis de tous pour la calcite, dont la recristallisation en veinules dans les terrains disloqués, en stalactites ou stalagmites dans les grottes, etc...., est constante, et que nous pouvons, par suite, laisser de côté. Il paraît également bien net pour les rognons, ou veinules, de carbonate de strontiane, qu'on observe dans divers terrains (marnes de Meudon, etc...), pour la célestine, qui s'est concentrée avec le gypse de Sicile et même pour les imprégnations de barytine, qu'on a signalées dans des fossiles de divers niveaux : plantes du grès bigarré à Soultz-les-Bains, en Alsace ; fossiles jurassiques à Alençon, Nancy, Nontron (Dordogne), Whitby (Angleterre), plantes des grès tertiaires de Kreuznach.

C'est, peut-être, par une intervention superficielle de ce genre, qu'il faut expliquer la disparition, assez fréquemment constatée dans les filons, de la barytine en profondeur et son remplacement par du quartz (qui, dans

---

(*) Il serait intéressant d'accumuler les observations sur les variations de la nature des gangues filoniennes, soit avec la profondeur, soit avec la nature des roches traversées par les filons.

(**) M. Killing a calculé que 1 mètre cube du gneiss de la Forêt Noire, entièrement dissous, pourrait donner plus de 9 kilogrammes de barytine.

La teneur en chaux va en croissant, quand on passe des roches acides aux roches basiques, et atteint son maximum quand la magnésie domine. L'anorthite en contient jusqu'à 18,50 p. 100.

nombre de cas, tend également à se substituer à la calcite (*); bien des concentrations superficielles de barytine, d'oxyde de manganèse, ou d'oxyde de fer, dans lesquelles, par une altération connexe, s'est produit un enrichissement en argent, ne doivent pas avoir d'autre origine.

Nous citerons, à ce propos, le cas des filons d'argent du Sarrabus, en Sardaigne, filons où les réactions secondaires récentes avaient eu une influence manifeste dans les parties hautes et avaient déterminé la formation de minéraux argentifères proprement dits, argent natif, argent sulfuré et argent rouge, tandis qu'en profondeur on est tombé sur des sulfures complexes, avec gangue de fluorine blanche et de quartz. La barytine, qui accompagnait le quartz à la surface, a cessé assez vite.

Même fait s'est produit, au-dessous de 100 mètres, dans les filons de cuivre gris argentifères de Huanchaca, en Bolivie, qui nous semblent également devoir la nature spéciale de leur minerai et la persistance prolongée du cuivre gris et de la bournonite en profondeur, à leur situation dans un pays très accidenté, à plus de 5.000 mètres d'altitude : ce qui les met dans des conditions particulièrement favorables, au point de vue de la facile pénétration des eaux de surface jusqu'aux minerais.

A Aurouze, dans la Haute-Loire (**), des filons de galène étaient assez riches en barytine à la surface, pour qu'on ait exploité spécialement cette substance : ils sont devenus quartzeux en profondeur.

Signalons encore le cas intéressant des barytines argentifères de Milo (***). Ces gisements, très irréguliers, sur lesquels le Gouvernement Grec avait, un moment, fondé

(*) Au Sarrabus (Sardaigne), la calcite a disparu, comme la barytine, au-dessous du 12e niveau (*Gîtes métallifères*, II, 773).
(**) *Gîtes métall.*, II, 515.
(***) *Ann. des Mines*, septembre 1894 (*Bulletin*).

des espérances fort exagérées, se composent de concentrations absolument superficielles d'une barytine, souvent riche en argent, dans des poches d'argile d'une douzaine de mètres de profondeur, au milieu de trachytes, ou de liparites, qui renferment des veines métallifères inexploitables. Parfois (cap Vani), des masses de manganèse oxydé sont associées avec la barytine, et l'on a ainsi un passage au type des manganèses argentifères, si abondants en certains pays, notamment dans le Montana [*], où l'oxyde noir de manganèse superficiel résulte évidemment de la décomposition d'un silicate rose, que l'on retrouve en profondeur.

Ce rapprochement entre la baryte et le manganèse est un de ceux que présentent le plus fréquemment les formations superficielles et, dans bien des cas, on peut constater que ces deux substances ont été concentrées, par la circulation des eaux, dans des poches, ou des fissures des terrains.

Mais, si nous sommes disposé à admettre une origine de ce genre pour certains filonnets barytiques, il serait probablement très exagéré d'interpréter de même, ainsi que l'ont fait quelques chimistes, tous les filons de barytine et d'attribuer à cette substance une origine exclusivement superficielle [**].

---

[*] *Gîtes métallifères*, II, 898. — Cf. *l'Argent* (chez Baillière), p. 59 et 90.

[**] C'est sur des filons de barytine cobaltifère, encaissés dans les granites et les gneiss de l'est de la Forêt Noire, qu'ont porté principalement les intéressants travaux de Sandberger (*Berg und Hüttenmännische Zeitung*, 2 novembre 1877, p. 377), sur lesquels il a basé sa théorie de la formation des filons par lessivage contemporain des roches. Les résultats n'en sont guère concluants. Le granite porphyroïde d'Achern, qui ne renferme pas de baryte dans ses éléments, présente cependant quelques filons de cette substance. Le granite non porphyroïde, plus riche en baryte, l'est, il est vrai, également plus en filons, qui, vers Schapbach et Willichen, atteignent 1m,50 de puissance, avec une forte proportion d'argent et de cobalt; mais ce qui montre bien le peu de valeur théorique de ces analyses, sur deux granites analysés, l'un frais,

Dans la plupart des champs de fractures à remplissage complexe, en Saxe, en Bohême, dans le Harz, à Vialas (dans la Lozère), etc., on trouve, en effet, des gangues barytiques associées, jusqu'à des profondeurs où le remaniement superficiel ne peut réellement plus être mis en cause, avec des sulfures métalliques divers. Il reste seulement à se demander, dans certains de ces cas — et c'est ce qu'une étude très détaillée sur le terrain, faite dans cet ordre d'idées nouveau, pourrait seule éclaircir — si cette barytine, ainsi que la calcite et la dolomie des mêmes remplissages, n'aurait pas été empruntée, au moins en partie, par la circulation hydrothermale aux roches encaissantes et si l'on n'aurait pas affaire, plus d'une fois, à des remises en mouvement, produites, dans la réouverture d'un filon, par le passage des eaux chaudes, sur les substances antérieurement déposées.

l'autre altéré, il se trouve, par hasard, que le second renferme de la baryte, le premier pas. Enfin le gneiss légèrement barytique 0,81 p. 100 dans l'orthose contient des filons à Zell et à Schapbach, qui dépassent 10 mètres de puissance, filons avec barytine, galène, etc. La présence des filons, à la fois dans toutes ces roches diverses d'un même district, nous paraît, à elle seule, contrairement aux idées de Sandberger, une forte présomption que leur remplissage ne vient pas des roches, mais d'ailleurs.

D'autres filons de la Forêt Noire contiennent, avec la barytine, de la fluorine, dont il explique la présence par un lessivage des micas fluorés. Cette fluorine, parfois assez abondante pour être exploitée, a, suivant lui, subi l'action précipitante de matières organiques qui l'ont colorée. On sait, d'ailleurs, que la fluorine d'origine sédimentaire a été rencontrée plusieurs fois ailleurs, notamment dans le bassin de Paris, où elle a été évidemment produite par remise en mouvement. La barytine, à son avis, serait arrivée en dissolution de sulfate dans l'acide carbonique et non en sulfure.

Un des faits, sur lesquels Sandberger appuie le plus sa thèse, à savoir l'altération des roches au contact des filons, est absolument général et s'explique, très aisément, par la façon dont les plans de filons conduisent l'infiltration des eaux superficielles, infiltrations, qui, dans ce cas particulier, ont des chances pour se charger d'éléments acides. C'est renverser absolument les termes du problème que d'en conclure que l'altération a été la cause, et non la conséquence du filon. Il est, d'autre part, très naturel, en toute hypothèse, que les roches altérées soient appauvries en métaux solubles.

Il est à remarquer, en effet, que, dans la plupart de ces champs de filons, les venues barytiques que l'on a décrites, étaient, dans les idées anciennement admises, considérées comme postérieures aux venues sulfurées quartzeuses.

A Freiberg (*), les venues barytiques (*Schwerspath Formation*) sont accompagnées souvent d'hématite rouge et de cuivre gris, c'est-à-dire de minerais d'altération, et recoupent constamment les filons sulfurés, par suite plus anciens. A l'intersection de ces croiseurs barytiques et des filons sulfurés, on paraît avoir la trace de remaniements récents, sous la forme de grands amas argentifères, qui ont présenté parfois une richesse énorme : amas d'argent rouge, argent sulfuré, argent natif et dolomie récente, se terminant souvent, en haut et en bas, par des masses de galène pauvre, reposant directement sur la barytine.

A Annaberg, une venue, essentiellement caractérisée par la barytine et la fluorine, avec des quartz rougeâtres, contenait des minéraux d'argent proprement dits, notamment de l'argent natif, qu'on est, très souvent, conduit à considérer comme le produit d'une sécrétion, avec du cuivre pyriteux, transformé en cuivre gris à la périphérie (**).

En Bohême, à Przibram (***), on a très bien observé que le remplissage sulfuré ancien avait été brisé par une réouverture, ayant donné passage à une venue barytique, puis calcaire, qui a souvent englobé des blocs aigus du remplissage antérieur, et qu'il s'est produit alors un remaniement par dissolution du premier dépôt de sulfure, avec formation d'une zone discontinue de galène secondaire, où l'argent s'est concentré, soit à l'état natif, soit à l'état d'antimoniosulfures complexes.

---

*) *Gîtes métall.*, II, 591, 594 et 596.
**) *Ibid.*, II, 602.
***) *Ibid.*, II, 574. La calcite paraît là avoir été souvent empruntée aux grünsteins, qui encaissent les filons.

A Mies, la barytine est associée avec de la cérusite et de la pyromorphite, c'est-à-dire avec des produits de remaniement incontestables de la galène.

Dans le Hartz, à Clausthal (*), une venue de barytine et calcite succède également, comme un fait relativement exceptionnel, à la venue des sulfures quartzeux.

A Vialas, en Lozère (**), l'on retrouve, de même, après les venues de sulfures et quartz assez pauvres en argent, des venues de barytine et de calcite, souvent caractérisées par un enrichissement en argent.

Il existe, par contre, dans les régions disloquées de massifs anciens, sur les bords du Plateau Central, dans le Bourbonnais, dans les Cévennes et, de même, dans les Vosges, la Forêt Noire, puis la Saxe et la Bohème, en un mot, sur la longueur de la chaîne hercynienne, un type de filons que l'on retrouve constamment, en veinules souvent fort étroites, au milieu des granites, gneiss, etc.

Ces filons, quand ils sont complets, renferment : quartz, barytine, célestine, fluorine et galène; mais la célestine y est rare, et la galène fait souvent défaut. Ils présentent souvent une relation plus ou moins directe avec les métallisations du même genre qu'on observe, au voisinage, dans certaines couches littorales du trias ou de l'infralias, particulièrement dans des dépôts de quartz carié. D'autres filons barytiques d'Auvergne recoupent jusqu'à l'oligocène.

Parfois, bien qu'on n'ait pas eu lieu de suivre en profondeur des veinules aussi minces et d'aussi faible valeur, on a la preuve indirecte qu'elles doivent se prolonger, comme lorsqu'à Bourbon-l'Archambault et à Néris on voit sortir, de deux d'entre elles, des sources à 53°, qui doivent remonter, par suite, d'au moins 1.700 mètres. Les exemples sont, du reste, très nombreux de sources

---

*) Gîtes métal., II. p. 581.
** Ibid., II. p. 513.

thermales, suivant souterrainement des plans de fissure incrustés par des filons semblables; ainsi : à Plombières, filons de quartz et fluorine ; à Lamalou, de barytine.

Il semble bien, dans ces cas, que la barytine ait une allure véritablement filonienne, et, si l'on veut à toute force que son origine soit superficielle, tout au moins faut-il admettre qu'elle a passé par un circuit hydrothermal avant de venir incruster ces fissures (*).

Si nous revenons à la baryte ou à la strontiane d'origine superficielle, nous devons remarquer que les roches cristallines et, dans celles-ci, spécialement le feldspath, les micas, les pyroxènes, en renferment des traces sensibles, traces qui, par un phénomène intéressant à noter, se concentrent et deviennent beaucoup plus caractéristiques dans les produits d'altération, tels que les zéolites (brewstérite : 8.9 SrO + 6,6 BaO ; harmotome : 20,6 BaO ; edingtonite : 26,84 BaO), montrant ainsi, dans un cas particulier, comment ces substances, d'abord disséminées, peuvent arriver, près de la surface, à s'accumuler en quelques points.

Les analyses en ont surtout constaté la présence dans l'orthose : ce qui, suivant une remarque de M. Lacroix, à l'obligeance duquel nous devons les éléments principaux du tableau suivant, doit tenir, sans doute, en partie, à ce que, dans l'orthose, qui n'aurait dû contenir que de la potasse, la baryte a attiré l'attention, tandis que, dans les plagioclases, on l'aura confondue avec la chaux. On a néammoins signalé récemment une anorthite de baryte

<hr>

(*) La strontiane, moins abondante que la baryte dans les gangues de filons, s'y rencontre pourtant. On sait que les roches éruptives basiques renferment souvent une assez forte proportion de strontiane. Nous manquons de renseignements assez précis sur les filons curieux de strontianite d'Ahlen, de Westphalie, pour dire s'il s'agit de véritables filons profonds, ou plutôt de concentrations dans des fissures superficielles.

(celsian), trouvée à Jacobsberg (Suède), dans un gisement de magnétite.

Voici, d'après des notes inédites de M. Lacroix, une série d'analyses d'orthoses, de micas et de pyroxènes, où l'on a reconnu la présence de baryte en proportions très sensibles; la strontiane est beaucoup plus rare; ce qui correspond avec sa présence également bien moins fréquente dans les filons.

TENEUR EN BARYTE ET STRONTIANE DE DIVERS MINÉRAUX DES ROCHES.

Baryte.

	1	2	3	4	5	6	7	8	9
Baryte......	0.14	0.17	0.21	0.22	0.28	0.32	0.41	0.42	0.48

	10	11	12	13	14	15	16	17
Baryte......	0.50	0.56	1.18	1.28	1.34	1.43	2.27	3.95
Strontiane..							0.36	

1. Carlsbad. — Rössler, cité par Rammelsberg, *Zeitschrift der deutschen geologischen Gesellschaft*, 1886, t. XVIII, p. 393.

2. Fibia, dans le St-Gotthard. — Schwalbe Kenngott, *Uebersicht der Resultate mineralogischer Forschungen in den Jahren*, 1861, p. 73.

3. Bodenmais. — Thiele, *Zeitschrift für Krystallographie*, t. XXIII, p. 295.

4. Schapbach, duché de Bade. — Nessler-Kenngott, *Uebersicht der Resultate mineralogischer Forschungen in den Jahren*, 1862-1865, p. 181.

5. Bodenmais. — Kloss, *Neues Jahrbuch für Mineralogie*, 1884, t. II, p. 182.

6. Mitterwasser, près Wegscheid. — Gümbel, *Geognostiche Beschreibung des ostbayerischen Grenzgebirges*, Gotha, 1888, p. 355.

7. Lac de Laach, près Coblenz. — Von Rath, *Poggendorf Annalen*, 1868, t. CXXXV, p. 562 (Sanidine).

8. Bodenmais. — Gümbel, *Geognostiche Beschreibung des ostbayerischen Grenzgebirges*, 1868, p. 237.

9. Carlsbad. — Rammelsberg, *Zeitschrift der deutschen geologischen Gesellschaft*, 1866, t. XVIII, p. 394.

10. Kirchberg. — Gümbel, *Geognostiche Beschreibung des ostbayerischen Grenzgebirges*, Gotha, 1868, p. 291.

11. Drachenfels. — Lemberg, *Zeitschrift der deutschen geologischen Gesellschaft*, 1883, t. XXXV, p. 603 (Sanidine dans le Trachyte).

12. Portici. — KNOP. *Kaiserstuhl en Breisgau.* Leipzig. 1892. p. 95 (Sanidine).

13. Horberig près Oberbergen. — KNOP. *Kaiserstuhl en Breisgau.* Leipzig. 1892, p. 95 (Sanidine).

14. Wehr (Schwarzwald). — LEMBERG. *Zeitschrift der deutschen geologischen Gesellschaft,* 1883. t. XXXV, p. 603 (Sanidine).

15. Bischoffingen. — KNOP. *Kaiserstuhl en Breisgau.* Leipzig, 1892, p. 95 (Sanidine).

16. Meiches, dans le Vogelsberg. — KNOP. *Neues Jahrbuch für Mineralogie.* 1865, p. 687.

17. Blue Hill Delaware C°, Pensylvanie. — PENFIELD and SPERRY. *The American Journal of Science,* 1888, 3ᵉ série, t. XXXVI. p. 327.

ORTHOSE DE BARYTE (*Hyalophane*).

	1	2
Baryte....	15,05	7.30

1. Binnenthal (Schweizerland). — STOCKAR-ESCHER-KENNGOTT, *Uebersicht der Resultate mineralogischer Forschungen in den Jahren 1856-1857.* p. 107.

2. Jakobsberg (Suède). — IGELSTRÖM. *Bulletin de la Société minéralogique de France.* t. VI. p. 139.

Pyroxène.

	1	2
Baryte........ Strontiane ...	0,19	0.31

1. Meiches, dans le Vogelsberg. — KNOP, *Neues Jahrbuch für Mineralogie,* 1865, p. 694 (augite).

2. Jagersfontein (État libre d'Orange). — COHEN. *Neues Jahrbuch für Mineralogie,* 1879. p. 867 (diopside).

Mica.

	1	2	3	4	5	6
Baryte.... Strontiane.	6,84 / 0.47	5,91	4,65 / 0,09	1,05	0.79	0,23

1. Schelingen, en Kaiserstuhl. — KNOP, *Zeitschrift für Krystallographie*, t. XII, p. 604 (biotite).

2. Pfitschthal, près Sterzing, en Tyrol. — RAMMELSBERG, *Zeitschrift der deutschen geologischen Gesellschaft*, 1862, t. XIV, p. 763 (muscovite).

3. Rothenkopf, en Zillerthal. — G. TSCHERMAK, *Zeitschrift für Krystallographie*, t. III, p. 150 (analyse de Oellacher) (muscovite).

4. Wermland (Suède). — IGELSTROM, cité par RAMMELSBERG, *Handbuch der Mineralchemie*, 2ᵉ éd. Leipzig, 1875, p. 535.

5. Grindelwald. — FELLENBERG, *Neues Jahrbuch für Mineralogie*, 1867, p. 363 (muscovite).

6. Silberberg. — THIELE, *Zeitschrift für Krystallographie*, t. XXIII, p. 296 (biotite).

Le sulfate de baryte étant un sel remarquablement insoluble, c'est évidemment celui des composés du baryum qui a eu le plus de propension à se produire, et, toutes les fois que de la baryte a commencé par être empruntée à une roche à l'état de carbonate, elle a eu aussi une tendance, sous l'action de l'acide sulfurique produit par l'oxydation superficielle des sulfures métallifères, à passer à l'état de barytine.

Magnésie. — La magnésie joue, dans les roches basiques, un rôle tout particulièrement important et, plus encore que le fer, elle les caractérise. C'est ainsi que l'olivine en contient jusqu'à 50 p. 100, la serpentine 41 à 44, le grenat pyrope jusqu'à 22, l'augite jusqu'à 16. On en trouve des quantités très notables, dans les terrains sédimentaires, à l'état de dolomie (teneur théorique, 21.26 p. 100), et la mer en renferme une proportion assez sensible : 3.91 parties pour 1.000 de chlorure de magnésium, 1.69 de sulfate de magnésie et 0.07 de bromure, contre 27 parties de chlorure de sodium : ce qui a permis à certains dépôts d'évaporation, tels que ceux de Stassfurt, d'en contenir de véritables gisements (carnallite, polyhalite, etc.).

Par contre, la magnésie n'offre, dans les filons métallifères, qu'une importance assez insignifiante et y est à peine représentée par quelques gangues dolomitiques, jouant un rôle analogue à la calcite, à la sidérose ou au carbonate de manganèse et pouvant même, ainsi que ces carbonates, avoir été empruntées, par les dernières eaux thermales chargées d'acide carbonique, aux terrains traversés.

Ainsi, dans l'*Edlebraunspath Formation* de Freiberg, on trouve simultanément : dolomie, calcite, rhodonite et sidérose, avec enrichissement en argent (*), et on a cru remarquer que l'abondance de la dolomie et de la calcite se manifestaient spécialement au voisinage des grunsteins.

Il est facile de concevoir que les remises en mouvement aient été très nombreuses avec un métal aussi répandu et formant un bicarbonate soluble.

La roche magnésienne, par excellence, c'est la péridotite, avec les serpentines, qui en dérivent par un métamorphisme plus ou moins ancien (**), et c'est, en effet, en relation avec ces roches que l'on trouve tous les dépôts magnésiens, d'origine constamment superficielle. Leur mode de formation paraît être le suivant.

Le péridot s'altère très facilement en carbonate de magnésie, qui se dissout, laissant un résidu de silice à l'état d'opale et des produits ferrugineux. Il peut alors arriver que ce carbonate vienne incruster des fentes et, surtout si la réaction a été produite par des eaux thermales, que ces filons de giobertite prennent un développement important. C'est presque certainement ainsi que se sont formés ceux de Mandoudi, dans l'Eubée (***).

(*) *Gîtes métal.*, II, 597.

(**) La serpentinisation consiste dans une hydratation de l'olivine, qui, dans bien des cas, se prolonge très profondément dans les roches et peut même être contemporaine de leur cristallisation. Accessoirement, la serpentine (antigorite, bastite) peut résulter de l'altération du pyroxène, de l'amphibole, etc.

(***) *Gîtes métal.*, I, 573.

La magnésite (écume de mer) peut résulter d'une transformation analogue et constitue également des veines dans la serpentine (*) ; mais on la trouve aussi, toujours comme produit de remise en mouvement, dans divers terrains sédimentaires, notamment, à Paris même, au niveau du calcaire de Saint-Ouen, associée à divers produits d'évaporation, tels que le gypse.

Ainsi que nous l'avons rappelé précédemment, les péridots semblant constituer la scorie profonde et basique par excellence, il est tout naturel qu'on y constate la présence de traces métalliques diverses, qui apparaissent également dans les pyroxènes, les amphiboles et les micas noirs. Entre ces métaux, le chrome, le nickel et le cobalt, appartenant au même groupe que le fer (**), sont parfois arrivés à former des concentrations assez notables, soit par une ségrégation ancienne, soit par une altération récente.

Chrome. — Le chrome, par exemple, apparaît toujours dans des péridotites, ou dans des serpentines produites par leur altération, à l'état de fer chromé, jouant dans ces roches exactement le même rôle que les autres oxydes de même formule : Cr^2O^3 au lieu de Fe^2O^3, Al^2O^3, ou $FeOTiO^2$. De même que l'on a des magnétites titanifères dans les hypérites à olivine de Taberg, les serpentines de Cogne, les gabbros du Mesabi Range, ou les norites d'Ekersund (ces dernières associées, d'après M. Vogt, à du spinelle chromifère), on connaît, en Nouvelle-Zélande, des dunites, formées de fer chromé et olivine, et des serpentines, dans lesquelles le fer chromé entre en toutes proportions, depuis de simples grains disséminés, jusqu'à des amas volumi-

----

(*) C'est probablement l'origine des gîtes d'Esky-Sheir en Asie-Mineure (*Gîtes métal.*, I, 375).

(**) Le cuivre est également assez fréquent dans l'olivine.

neux. La ségrégation de ces amas paraît contemporaine de la consolidation de la roche.

Nickel. — Le nickel se présente, comme un élément essentiel, dans ces magmas métalliques profonds, qui constituent les météorites, ou dans les fers natifs du Groenland et de la Nouvelle-Zélande ; il est tout naturel de le retrouver dans des roches basiques et, en particulier, dans les serpentines de Nouvelle-Calédonie, où il entre dans une proportion de 5 p. 100. Dans ce cas, un simple départ superficiel paraît être l'origine des gîtes de concentration, formés de silicates nickelifères et magnésiens [*]. Ailleurs, comme en Norvège, une ségrégation, contemporaine de la consolidation de gabbros, a produit, à leur périphérie, des pyrrhotines nickelifères ; enfin le nickel se présente à l'état vrais filons arséniosulfurés.

En Nouvelle-Calédonie, la garniérite est accompagnée de fer chromé, d'oxyde de cobalt manganésifère (asbolite), d'hématite, de magnétite, etc., et se trouve, comme on sait, en veines à la périphérie de poches, creusées, par altération superficielle, dans les fissures de la serpentine et remplies d'un résidu d'argile rouge.

Il est assez facile de s'expliquer comment ces divers métaux ont pu se concentrer ainsi, sans même faire intervenir les phénomènes de ségrégation contemporains de la cristallisation des péridotites, qui, cependant, ont dû, particulièrement pour le fer chromé, commencer par jouer un rôle capital.

Il suffit, en effet, d'avoir examiné quelques roches au microscope pour avoir remarqué avec quelle facilité l'altération des silicates y détermine le groupement des éléments ferrugineux, en produisant de véritables chapelets de

----

[*] *Gîtes métal.*, II, 49. — Cf. LACROIX, *Minéralogie de la France*, I, 157, 185, 438.

fer magnétique (ou de fer chromé, si le silicate était chromifère). Par l'action seule de l'acide carbonique et de l'eau, tous les métaux de la roche, fer, nickel, manganèse, cuivre, etc., ont une tendance à s'isoler de la silice, qui se concentrera en opale, et cette tendance est encore accentuée si la roche basique contient, comme c'est le cas habituel, des sulfures propres à donner des sulfates solubles.

Dans les gisements calédoniens, la garniérite (hydrosilicate de nickel et magnésie) s'est localisée en veines dans la serpentine, à la périphérie des vasques argileuses, le long desquelles la circulation des eaux a dû atteindre son maximum d'intensité, ces veines pouvant atteindre (Mine Pauline) jusqu'à 6 et 8 mètres de large ; le fer chromé peut également se trouver en amas, ou filonnets, dans cette roche ; ce qui correspond au gisement, absolument général, de ce minerai en tous pays ; au contraire, les oxydes de fer ou de cobalt manganésifère se sont isolés, au milieu du résidu argileux même, dans les conditions où nous connaissons, en tant de points, sur des plateaux calcaires, des oxydes de fer et de manganèse, du phosphate de chaux ou de la barytine : la présence anormale du cobalt étant facilement explicable par les traces de ce métal, qui accompagnent le nickel dans tous ses gisements [*].

En d'autres points du globe, le nickel s'est séparé de la roche basique, au moment même de sa consolidation, entraîné vers sa périphérie par un excès de minéralisateurs sulfurés et peut-être de vapeur d'eau, qui lui prêtait une suffisante mobilité.

C'est ainsi que semblent s'être formés les gites de pyrrhotines nickelifères, spécialement étudiés par M. Vogt, en Norvège, autour de norites et de gabbros ; ailleurs, comme

---

[*] La teneur en cobalt des minerais triés n'est que de 3 à 4 p. 100.

à Sudbury, au Canada, à Varallo, en Piémont, autour de gabbro-diorites, de diabases à olivine, etc. ; dans tous les cas, en relation avec des roches ne contenant pas plus de 56 p. 100 de silice.

M. Vogt a fait cette remarque curieuse que l'abondance de la pyrrhotine semblait, dans une certaine mesure, proportionnelle à la dimension du massif de gabbro, et que, dans la pyrrhotine, les métaux : nickel, cobalt et cuivre (qui sont, avec le fer, à peu près les seuls intervenants), conservaient, en général, une proportion assez constante : pour 1 de nickel, en Norvège, 1/15 à 1/3 de cobalt, en moyenne 1/6; à Varallo, 1/2; à Sudbury, 1/15 et, dans le fer natif d'Ovifak, 1/3; pour 1 de nickel, en Norvège, 1/5 à 1 de cuivre; à Sudbury, 1/2 à 3/2; à Ovifak, 1/5.

Si on compare les teneurs de ces métaux dans la pyrrhotine à celles dans la roche mère, on voit que le cuivre s'est plus concentré que le nickel, et le nickel plus que le fer. Cette loi de proportionnalité, si approximative qu'elle puisse être, présente un certain intérêt; car elle prouve, dans la composition des magmas métalliques profonds ayant fourni la roche basique en divers points du globe, une constance relative, à laquelle il était, d'ailleurs, assez logique, dans notre théorie, de s'attendre.

Fer. — Le fer, très abondant dans la nature, peut se présenter sous un certain nombre de formes principales : fer natif, oxydes et silicates plus ou moins complexes, accessoirement sulfures, constituant les gites d'inclusions et de ségrégation directe; sulfures, arséniosulfures, carbonates et oxydes, composant les gites filoniens; carbonates et oxydes, formant les gites sédimentaires.

Dans chacune de ces catégories de gisements, il y a lieu de distinguer, suivant une remarque précédente, ce qui est la formation primitive, originelle, et ce qui peut être le produit d'une altération superficielle ; et ces remises en mouvement sont, pour ce métal, aisément soluble à l'état de carbonate ou de sulfate, particulièrement faciles et particulièrement abondantes, en sorte qu'elles contribuent à introduire dans les phénomènes une assez grande complication.

L'altération des minerais de fer, comme celle de tous les autres minerais, s'est toujours faite essentiellement sous une influence oxydante, avec tendance à produire le minerai le plus stable, c'est-à-dire celui dont la formation développe le plus de calories : dans ce cas, le sesquioxyde. Toutes les fois qu'une intervention étrangère n'est pas venue apporter de la chaleur, comme cela a eu lieu parfois par métamorphisme, on est donc passé du sulfure, ou du silicate, d'abord au sulfate ou au carbonate, puis au sesquioxyde, et le carbonate (qui est un sel de protoxyde), tout aussi bien que la magnétite (qui est un oxyde incomplet), n'ont pas pu subsister en présence d'un excès d'oxygène, mais se sont alors transformés en hématite.

Une influence calorifique, telle qu'il a dû s'en rencontrer dans les actions de métamorphisme, peut naturellement avoir eu, dans une certaine mesure, un effet inverse et l'hématite brune a été alors ramenée, d'abord à l'état d'hématite rouge, puis de magnétite ; le fer carbonaté, par dégagement de l'acide carbonique et légère oxydation s'est, dans les mêmes conditions, transformé directement en magnétite. Cette dernière réaction a pu contribuer à la localisation habituelle de la magnétite dans les calcaires des terrains métamorphiques, le fer étant en hématite dans les bancs siliceux des mêmes niveaux.

Ces notions générales sont bien connues, et l'on a, maintes fois, décrit les chapeaux de fer hydroxydés, qui se produisent par la circulation des eaux superficielles sur les affleurements des gites sulfurés, en les considérant même, parfois, par une sorte de superstition, comme un indice favorable pour la richesse en profondeur. Mais l'origine réelle des grands amas de fer carbonaté et leur assimilation avec les gîtes calaminaires, ainsi que le mode de formation de certains dépôts peroxydés, ne nous paraissent pas avoir été bien reconnus jusqu'ici.

Les amas de fer carbonaté, qui constituent, dans quelques régions, comme les Pyrénées, l'Erzberg styrien, etc., d'importantes réserves de minerai ferrugineux, d'autant plus considérables, dans certains cas, qu'on les a longtemps négligées et laissées de côté, ne nous semblent être qu'une forme intermédiaire et, en quelque sorte, provisoire, dérivant d'un gîte sulfuré profond, recouvert par un gîte oxydé superficiel plus ou moins épais et tendant constamment à s'accroître par altération ; gîte oxydé, sur lequel ont porté les efforts des anciens exploitants.

On a généralement admis, quand on a étudié ces amas, que le fer s'était, dès l'origine, déposé sous cette forme carbonatée ; soit que l'on ait soutenu l'origine filonienne et hydrothermale, c'est-à-dire l'incrustation par ce carbonate de fentes préexistantes, ou sa substitution directe à d'autres terrains calcaires ; soit que l'on ait admis l'origine sédimentaire, c'est-à-dire le dépôt contemporain de celui des couches encaissantes ; et, dans cette dernière théorie, on assimilait ces amas avec les couches ou lentilles de carbonate de fer du terrain houiller, que nous considérons, en effet, comme sédimentaires, mais dont l'allure est absolument différente de celle des gisements envisagés en ce moment.

Nous sommes, au contraire, frappé de voir ces gisements, carbonatés et oxydés, se présenter toujours dans des circonstances très caractéristiques qui sont les suivantes :

1° Ces gisements sont toujours encaissés dans des calcaires, avec lesquels ils présentent tous les types de passage (rohwand de Styrie, calcaire rouge métallifère de Rancié), c'est-à-dire que, dans toute hypothèse, il y a eu substitution du carbonate de fer au carbonate de chaux, le fer ayant pénétré dans le calcaire (comme on l'observe dans tous ces gites de substitution, notamment dans les gites calaminaires), en suivant les plans de cassure, les diaclases, et laissant souvent, au centre, des noyaux inaltérés.

Dans une région métallifère déterminée, comme les Pyrénées, on constate souvent très bien que la venue métallisante ferrugineuse a affecté des terrains d'âge et de nature divers, par exemple des schistes et des calcaires ; mais, dans les schistes, où elle a rencontré un terrain inaltérable, tant au moment du dépôt même que lors des remises en mouvement postérieures, elle a, beaucoup plus rarement, pris de l'extension, et le peu d'importance industrielle de ces gisements schisteux a souvent fait qu'on les a négligés dans les descriptions et, par suite, laissé même de côté dans les études théoriques, pour n'envisager que les gisements plus riches, encaissés dans les calcaires.

Il existe cependant, au milieu des schistes, de grands gisements de fer, mais alors à l'état de fer sulfuré, qui constituent ces amas pyriteux considérables, exploités dans le sud de l'Espagne, en Norvège, etc. ; ceux-là semblent s'être produits sur des points de dislocation et de broyage, particulièrement affectés par les actions dynamiques, où les schistes, émiettés, réduits en poussière, ont prêté à l'intrusion des magmas sulfurés un accès particulièrement facile (*).

____

(*). Nous avons été heureux de voir que M. Vogt, qui a consacré récemment une longue étude à ces amas pyriteux, les considère, avec nous, comme d'origine filonienne, probablement liée à des venues de diabases et étend même cette conclusion au gite du Rammelsberg, pour lequel la théorie sédimentaire, adoptée dans ces dernières années par les géologues allemands, nous avait toujours paru extrêmement contestable.

C'est un fait très remarquable que les grands amas de fer sulfuré sont toujours dans les schistes, les grands amas de fer carbonaté étant dans les calcaires et, si l'on admet, comme nous le croyons à peu près certain, dans les deux cas, une origine filonienne, cela seul suffirait à faire penser qu'une venue ferrugineuse unique, par suite très probablement sulfurée, a, suivant la nature des terrains rencontrés sur son passage, donné ici et là ces minerais différents.

Mais on peut, croyons-nous, serrer le problème de plus près, en se fondant sur d'autres remarques.

2° Les amas de fer carbonaté, partiellement transformés en oxyde à la surface, se présentent toujours dans des régions accidentées, à fort relief, où la pénétration des eaux superficielles a été facile.

Dans les Pyrénées, notamment, c'est un fait assez frappant que les gîtes les plus complètement peroxydés, c'est-à-dire les plus riches et les plus purs, se trouvent souvent à des hauteurs inaccessibles; puis, que, dans une zone plus basse, on trouve du carbonate, avec proportion plus ou moins forte d'hématite, et que, lorsqu'on arrive dans les fonds de vallées, on rencontre des minerais de moindre valeur, parce qu'ils sont, dit-on, plus chargés de soufre, c'est-à-dire, en réalité, des hématites ou des carbonates provenant de sulfures qui n'ont pas complètement disparu, n'ayant pas été entièrement oxydés [*].

---

[*] A Rancié, il existe une catégorie de minerais inexploités, formés de fer carbonaté brond, non peroxydé (ce qui prouve qu'on est dans une zone où l'altération superficielle a été réduite au minimum) et parsemé de pyrites. Le passage de l'hématite au fer carbonaté en profondeur est très net pour ce gisement (*Gîtes métal.*, I, p. 689). Dans les gisements de l'Erzberg styrien (*Ibid.*, I, p. 749), la pyrite est également fréquente. A Mokta el Hadid (*Ibid.*, I, p. 724), comme dans tous les gisements ayant subi un métamorphisme, le carbonate, forme habituelle du fer en profondeur dans les calcaires, a, s'il s'est produit autrefois, été transformé entièrement en magnétite altérée en hématite, près des affleurements actuels ; mais on trouve des veinules de pyrite de fer, avec mouches de

Au-dessous des thalwegs, on n'exploite plus rien, non pas seulement parce que les travaux seraient plus coûteux, mais surtout parce que ce qu'on rencontrerait serait des gîtes sulfurés.

Cette relation de la nature des gîtes avec le relief actuel suffit bien à montrer qu'il n'y a pas là un phénomène ancien, réellement contemporain de la formation filonienne, mais, au contraire, un résultat d'altération récente.

L'observation faite pour les gîtes en amas s'étend même, dans une certaine mesure, à quelques filons de sidérose. Ces filons, assez rares d'ailleurs, sont souvent situés dans des régions accidentées, et la sidérose, que l'on voit souvent passer à la pyrite en profondeur, y est fréquemment accompagnée de minerais de métamorphisme, tels que le cuivre gris, avec lequel son association est bien connue.

Nous ne citerons que le cas des nombreux filons de sidérose et cuivre gris de l'Isère, qui semblent bien provenir de pyrite de fer, plus ou moins cuivreuse, ou de chalcopyrite, dans lesquels existaient parfois des traces d'or, qui ont pu se concentrer, en même temps, aux affleurements. A côté de cela, il est vrai, on peut, comme à Przibram, trouver, en profondeur, de la sidérose alternant avec la galène et être conduit à supposer qu'elle s'est déposée là directement d'une dissolution carbonatée.

Mais, en ce qui concerne les grands amas, nous croyons pouvoir admettre que le carbonate de fer s'est, comme la calamine ou la cérusite, produit par réaction du calcaire sur des sels provenant de la dissolution du sulfure; seulement, à la différence avec ces derniers carbonates, celui de fer ne

galène et de pyrite cuivreuse. Nous insistons sur cette idée que, dans les beaux gisements de fer oxydé et carbonaté, des considérations industrielles ont souvent contribué à faire négliger, ou passer sous silence, les mouches de pyrite, plus fréquentes qu'on ne le croit.

représente pas une forme stable : il n'a pu se produire que là où l'oxygène manquait, où l'on était à l'abri de l'influence de l'air et, toutes les fois que cette action oxydante de l'air a pu se faire sentir, elle l'a transformé en sesquioxyde.

C'est là une réaction chimique, dans laquelle le facteur temps joue un rôle considérable, et c'est parce que le relief actuel, donc la mise à jour des minerais sulfurés et carbonatés, ne date que d'un temps relativement restreint, que cette action est restée incomplète dans certaines régions, comme les Pyrénées.

3° Une remarque venant à l'appui de notre thèse, c'est que, dans ces gisements de fer carbonaté ou oxydé des Pyrénées, non seulement, quand on atteint des parties ayant mieux échappé à l'altération, on trouve du sulfure de fer, mais qu'on y trouve même d'autres sulfures métalliques; par exemple, de la galène, dont la présence a été reconnue avec étonnement dans divers gîtes de fer oxydé pyrénéens. Cette observation concourt à faire considérer les gîtes filoniens d'hématite ou de sidérose comme de simples chapeaux d'affleurements de filons complexes et comme un type, seulement plus riche, d'une catégorie de minerais de fer oxydés, que l'on connait bien sur les parties hautes des filons de métaux plus précieux, où on ne la considère généralement que comme une gêne (*).

4° Enfin, dans nombre de ces gîtes du type calaminaire, on a la preuve de circulations d'eau récentes au contact du gisement. C'est ainsi que, pour le zinc, nous citerons les accumulations d'alluvions au-dessus du grand amas calaminaire à Maltidano (**), les grottes avec cristaux

---

*) Nous remarquerons cependant qu'aux environs de Przibram, vers Zézic et Haté (*Gîtes métall.*, II, p. 572), où l'on avait considéré de semblables filons ferrugineux comme des affleurements de filons de galène, on y est descendu à 30 mètres sans vérifier cette hypothèse.

(**) *Gîtes métallifères*, II, p. 407.

de gypse au Laurium [*] ; pour le plomb, les grottes au contact du gîte carbonaté d'Euréka (Nevada), de Bulgar Dagh (Taurus), etc. [**]). De même pour le fer, à Rancié, on observe, au mur du gisement, des grottes avec un mélange d'argile et de cailloux amoncelés [***].

Sans vouloir aborder ici une description des divers gîtes de fer, nous sommes porté à croire que, dans nombre de cas, où l'on a cru trouver la trace d'épanchements ferrugineux ayant épousé la forme actuelle du terrain, comme à l'île d'Elbe, à Bilbao, à la Tafna [****], etc., on a simplement observé des effets de remise en mouvement et de remaniement récents, absolument distincts de la réelle venue ferrugineuse. Nous sommes aujourd'hui très sceptique au sujet de ces prétendus griffons déversant, à la surface du sol, des torrents d'eau ferrugineuse, et nous croyons que les mêmes phénomènes s'expliquent beaucoup plus simplement par le métamorphisme superficiel de gisements anciens, qui peuvent, d'ailleurs, avoir été, suivant les cas, soit des sédiments oxydés, soit des apports filoniens, probablement sulfurés.

Manganèse. — Le manganèse est un métal, qui, par certains côtés, se rapproche beaucoup du fer et, par d'autres, s'en éloigne complètement.

Dans les silicates des roches, le manganèse prend souvent, molécule par molécule, la place du fer, comme peut le faire le magnésium ; on le voit intervenir dans la composition des pyroxènes, péridots, etc., et, dans le

---

* *Gîtes métal.*, II, p. 382. Une visite récente au Laurium nous a conduit, comme on le verra plus loin, à modifier quelques-unes des idées exposées dans ce chapitre.

** *Ibid.*, II, p. 635. Voir, sur ces questions de grottes au contact de gîtes métallifères, l'intéressant article de notre ami M. Martel sur la spéléologie dans les *Annales des Mines* de juillet 1896 (p. 70).

***) *Ibid.*, I, p. 688.

**** *Ibid.*, I, pp. 810, 796, 817.

curieux gîte de Saint-Marcel, en Piémont, nous avons même pu observer toute la série des minéraux d'un gneiss, chargé d'épidote, mica, amphibole, chlorite, etc., devenus manganésifères (*). A Dannemora, en Suède, on trouve, dans le Skarn, de l'actinote manganésifère (Dannemorite), un péridot manganésifère (Knébélite), etc. (**).

De même, les magnétites encaissées au milieu des calcaires de Suède, du Canigou, de Mokta el Hadid, sont, très souvent, manganésifères, au point même de tirer de cette richesse en manganèse une valeur spéciale pour la fabrication de l'acier. A Norberg (en Suède), la teneur en protoxyde de manganèse dans la magnétite atteint 10,40 p. 100.

Dans bien des groupes de gisements de fer, présentant le fer à l'état peroxydé, on a également tous les passages, depuis le cas d'un fer légèrement manganésifère, jusqu'à celui d'un manganèse à peine ferrugineux, et c'est ainsi que, dans la province d'Huelva, en Espagne, les amas de bioxyde de manganèse sont en connexion avec les affleurements des amas pyriteux et, dans les Pyrénées, les filons de manganèse sont nombreux à côté des filons ferrifères; ils y prennent même, exactement comme les gîtes de fer, l'allure d'amas carbonatés, quand ils sont encaissés dans les calcaires [las Cabesses, dans l'Ariège; ***]) :

(*) *Gîtes métal.*, II, p. 9.
(**) *Ibid.*, I, p. 718.
(***) Ce gite important et des plus curieux, que nous avons eu l'occasion d'étudier en détail, présente une sorte de stockwerk, reconnu sur plus de 100 mètres de haut, dans les calcaires griottes dévoniens, disloqués et broyés, qui ont subi une substitution très irrégulière en carbonate de manganèse, avec décomposition superficielle en pyrolusite. Les analyses des griottes encaissants nous ont donné parfois de faibles teneurs en manganèse, très irrégulièrement réparties. Ces minerais carbonatés (par un phénomène intéressant, qui n'est pas exceptionnel, même dans la région) renferment, en certains points, des traces d'or, et nous ne serions pas surpris quand, en s'approfondissant suffisamment, on trouverait là un filon analogue à ceux des États-Unis ou de la Nouvelle

ces manganèses carbonatés, jadis considérés comme
rares, simplement parce qu'ils passent facilement inaperçus,
en raison de leur aspect peu caractéristique, étant, en
réalité, beaucoup plus abondants qu'on ne l'a cru longtemps.

Dans ces amas, pour le manganèse comme pour le fer,
le carbonate est une forme provisoire, intermédiaire, qui
n'a pu se former et subsister qu'à l'abri de l'oxygène de
l'air et qui tend toujours à passer à l'état de bioxyde
(forme stable, parce que c'est celle qui développe, en se
formant, le plus de calories).

La même analogie entre le fer et le manganèse se
poursuit dans les gîtes sédimentaires et les gîtes de
remaniement superficiels, comme on pouvait aisément

Zélande, composé de silicate de manganèse et quartz un peu aurifère,
avec peut-être d'autres sulfures métalliques.

Au nord des grands gisements du Laurium, originellement composés
de sulfures de fer, plomb et zinc, il existe d'importants dépôts de carbonate de manganèse et de fer, de couleur blanche, mais jaunissant,
puis noircissant à l'air, en donnant de la pyrolusite en couches parfois
fort épaisses. Ces carbonates forment des couches à la base du calcaire
moyen, ou dans le calcaire supérieur. Les zones, à Dascalio, sont
alignées N. 23° E., parallèlement à un système de cassures important.
Le manganèse contient souvent un peu de galène et de pyrite de fer
disséminées, avec des traces de phosphore.

Ces carbonates, qui jouent donc là le même rôle que les calamines
plus au sud, ont, par remise en mouvement, donné des psilomélanes
dans des fractures transversales du calcaire. On a même, à Dipsilosa,
trouvé, d'après M. Mouille, une galerie de grotte horizontale, ayant au
moins 150 mètres de long et contenant, sur le sol, un précipité secondaire de boue à 32 p. 100 de manganèse et 16 de fer, avec concentration
simultanée du phosphore ; le tout en couche horizontale, recouverte
d'une croûte stalagmitique de calcaire.

En 1894, lors de notre visite, le Laurium français produisait, par
an, 60.000 tonnes de minerai de manganèse légèrement phosphoreux et
plombeux à 14 ou 17 p. 100 ; Dascalio à peu près autant. Le tout était
exporté en Belgique pour traitement au convertisseur Gilchrist.

Nous ne pensons pas que le carbonate de manganèse joue, dans ces
gisements, un rôle analogue à celui du carbonate de chaux, ou du
carbonate de magnésie, c'est-à-dire qu'il se soit formé dans la sédimentation même ; mais il nous paraît plutôt être en relations avec les
grandes formations métallifères voisines.

s'y attendre en raison de la solubilité du bicarbonate, avec cette seule différence que la proportion du manganèse, par rapport au fer, tend toujours à augmenter par suite des remises en mouvement : ce qui amène une abondance particulière des concentrations manganésifères dans les dépôts de surface.

C'est ainsi que l'on connaît, au Caucase, des couches sédimentaires oolithiques de pyrolusite et d'acerdèse, légèrement phosphoreuses, tout à fait assimilables aux gîtes de fer de Meurthe-et-Moselle, et que, dans toutes ces poches argileuses creusées par l'érosion des calcaires, dans le Nassau, etc., ou des serpentines, en Nouvelle-Calédonie, le manganèse est un des métaux que l'on a le plus de chances de rencontrer (*).

Il s'y trouve généralement associé aux deux corps, dont la fortune est analogue, la barytine et le phosphate de chaux, l'union avec la barytine étant souvent assez intime pour que le minerai principal de manganèse, dans bien des gîtes, soit un manganèse oxydé barytique, la psilomélane (**), contenant jusqu'à 17 BaO pour 69 à 85 Mn^3O^4.

Mais, à côté de ces analogies nombreuses, le manganèse présente, avec le fer, une différence fondamentale. Tandis que, pour ce dernier métal, la forme sulfurée domine toujours en profondeur; pour le manganèse, elle n'existe pratiquement pas (***), et l'on est forcé d'admettre que le manganèse, quand il n'a pas cristallisé directement en silicate dans les roches, est arrivé : soit, comme on l'admet

---

(*) M. Dieulafait, dans de très nombreuses notes à l'Institut (C. R., t. C et CI, 1885), a beaucoup insisté sur ces remises en mouvement du manganèse. Les combinaisons Mn avec S, avec O, avec CO^3, avec O^2, développent respectivement : 22,6 cal. : 47,4 : 54,2 : 58,1 : ce qui explique la prédominance du bioxyde MnO^2, c'est à dire de la pyrolusite.

(**) Voir plus haut, p. 49 à 59, le paragraphe relatif à la barytine.

***) Les sulfures de manganèse, l'alabandine et l'hauérite, ne sont, comme le sulfure complexe d'étain, cuivre, fer et zinc, la stannine, qui représente, pour l'étain, la forme sulfurée, que des raretés minéralogiques.

en général, à l'état de carbonate (*), réaction qui nous
semble restreinte aux remises en mouvement superficielles (**); soit plutôt en liqueur acide, par exemple à
l'état de chlorure et de fluorure, idée qui pourra surprendre
un peu, mais que nous croyons justifiée par de nombreuses
observations et sur laquelle nous allons bientôt insister.
Le manganèse, par là, se rapprocherait de ces trois autres
métaux, également connus surtout à l'état de bioxydes,
le silicium, le titane et l'étain, et peut-être aussi de l'or,
avec lequel on le trouve souvent associé (***).

En dehors des gîtes de manganèse carbonaté, le manganèse, dans ses filons, présente une association presque
constante avec la silice. Dans la plupart des cas, nous
l'avons vu accompagné par des quartz jaspés, rouges ou jau-
nâtres, très caractéristiques, avec lesquels on le retrouve,
parfois même, dans les amas superposés aux calcaires
Roquefort (Alpes-Maritimes): Nontron (Dordogne), etc.),
et, en outre, à mesure que les observations se multiplient,
on connaît des exemples de plus en plus nombreux de
silicates de manganèse proprement dits, silicates qui présentent souvent cette particularité d'être riches en métaux
précieux, or ou argent.

(*) La théorie, habituellement professée, pour les carbonates de fer
et de manganèse, depuis Boussingault, c'est que des eaux, chargées de
bicarbonate, les ont déposés, par dégagement de leur acide carbonique
en excès, au voisinage de la surface. On oublie, comme dans toutes les
théories semblables, que l'érosion a fait disparaître, presque toujours, ce
qui était la partie superficielle au moment du dépôt des filons. En
outre, le fait le plus caractéristique des gisements de manganèse, c'est
l'association de ce métal avec la silice.

** Les remises en mouvement jouent, pour le manganèse, un rôle
très considérable et ont dû former ces gîtes très nombreux, où on le voit
disparaître en profondeur. Dans les dépôts de haute mer, on sait que
le manganèse est un des corps les plus caractéristiques (boues à glo-
bigérines et argiles des mers profondes) WILL. THOMSON, *Expéd. du
« Challenger »*.

*** La stibine, souvent associée à l'or (Reefton, en Nouvelle-
Zélande; Gravelotte, au Transvaal, etc.), forme une transition entre les
gîtes du type stannifère et les gîtes sulfurés.

Tel est le cas, en Nouvelle-Zélande, district de Thames, pour le filon City of Dunedin de la mine Tararu (*), où la rhodonite forme, dans un filon puissant de quartz, des noyaux ou des traînées, contenant elles-mêmes de l'or très finement divisé avec un peu de galène.

Dans le Montana (**), région de Butte-City, nous avons déjà rappelé plus haut comment il existait à Lexington, Moulton, Alice, une série de filons de rhodonite argentifère, formant des zones alternatives avec du quartz, de la blende, et, plus rarement, d'autres sulfures.

On a, d'ailleurs, dans les Pyrénées, fait quelques tentatives d'exploitation à Germ, Loudervielle, etc. (***), sur des bancs de silicates de manganèse, rhodonite et friedélite, avec quartz et un peu de rutile et d'apatite.

L'origine fluorée de ces silicates semblerait assez confirmée par la présence de fluorine dans certains gîtes de manganèse, notamment à Romanèche.

Nous croirions donc volontiers que le manganèse était, avec le silicium, en dissolution dans une liqueur acide (****), d'où ces deux métaux se sont précipités simultanément. Ces silicates de manganèse hydrothermaux, avec ceux englobés dans la cristallisation même des roches, seraient alors la source première, d'où dériveraient, par remise en mouvement superficielle, tous les gîtes oxydés (pyrolusite, psilomélane), qui sont innombrables à la surface du sol. Le carbonate a pu également se produire aisément par altération du silicate, en présence de l'acide carbonique de

---

* Renseignements inédits, recueillis par M. Gascuel. Voir École des Mines, coll. 2013).

(**) *Gîtes métallifères*, I, p. 809; — Cf. KEMP, *Ore deposits*, p. 220. Nous avons rapproché précédemment, de ces manganèses argentifères, ceux associés aux barytines argentifères de Milo.

***) *Ibid.*, II, p. 11 : — voir, dans *l'Argent*, p. 59, d'autres exemples analogues.

**** On sait comment le chlorure de manganèse est produit en grand dans la fabrication du chlore et des chlorures.

l'air ou des calcaires, et l'on doit même admettre que le manganèse a dû passer par l'état de carbonate, avant de se reprécipiter en bioxyde.

Nous n'insistons pas sur ces concentrations superficielles de manganèse, que nous avons déjà rappelées précédemment, quand nous nous sommes occupé de généralités [*]: chacun sait avec quelle facilité le manganèse se déplace et se concentre dans les terrains superficiels, sur les parois des roches où il forme des dendrites, dans les limons où il se précipite en petites boules, dans les argiles remplissant les crevasses des calcaires du Nassau, des Alpes-Maritimes, etc.

Cuivre. — Le cuivre est géologiquement à rapprocher du nickel, avec lequel il se rencontre fréquemment, notamment dans les péridotites du Canada; car c'est, comme lui, avant tout, un métal des roches basiques, dont les principaux gisements sont des gîtes de départ immédiat, concentrés, sous une forme sulfurée, à la périphérie des roches mères. Mais, plus soluble, plus mobile et plus facile à remettre en mouvement, il lui est arrivé de s'écarter davantage de son point de départ, en sorte qu'on le trouve, comme le groupe de métaux: fer, zinc, plomb, argent, etc., dont nous parlerons bientôt, sous forme de filons concrétionnés et qu'il constitue également quelques gîtes sédimentaires de précipitation chimique, absolument typiques.

D'autre part, on doit noter, entre le cuivre et l'étain, une certaine association, qui n'est pas, à notre avis, dans le Cornwall, aussi accidentelle qu'on l'a parfois prétendu[**].

* Cf. DAUBRÉE, *Eaux souterraines anciennes*, p. 98.

(** Nous venons déjà d'étudier, dans le manganèse, un métal présentant des propriétés intermédiaires entre le groupe du fer et le groupe de l'étain.

Ainsi que l'a remarqué M. Vogt (*), on peut rattacher au type stannifère :

1° Les gîtes d'étain proprement dits, type Saxon, Villeder, Montebras ;

2° Les gîtes d'étain et de cuivre, type Cornwall, ou d'étain avec galène argentifère (sulfure d'étain exceptionnel), minéraux d'argent, etc., de Bolivie (**) :

3° Les gîtes de cuivre avec tourmaline, apatite, fluorine, quartz et or natif, dans la granulite du Telemark (***) ; celui de Tamaya ou de Remolinos, au Chili (****), également avec quartz, tourmaline et un peu d'or, etc.

C'est là un exemple du double mode de venue, que l'on rencontre pour plusieurs métaux et, notamment, pour l'or, dont le cuivre contient si fréquemment des traces : d'une part, en association intime avec des roches basiques, sous forme de gîtes d'inclusions, de ségrégation, ou de départ immédiat ; d'autre part, en relation avec les roches acides, dans les filons, où des minéralisateurs, y compris le fluor, ont joué un rôle prépondérant.

La forme profonde des minerais de cuivre est, le plus souvent, la chalcopyrite, ou la pyrite de fer cuivreuse ; mais, au voisinage de la surface, les sulfures ont souvent subi des altérations, qui peuvent se présenter sous deux formes :

En premier lieu, à la surface même, une oxydation, ayant donné, outre un chapeau d'oxyde de fer, des oxydes, carbonates, etc., accompagnés parfois de cuivre natif, souvent avec remise en mouvement et intervention restreinte des terrains calcaires ;

En second lieu, un peu plus profondément, une sorte de

(*) Zur Classification der Erzvorkommen (*Zeitsch. für praktische Geologie*, avril 1895, p. 153).

(**) STELZNER, *Zeitsch f. prakt. Geol.*, 1893, p. 81, 394.

(***) *Gîtes métall.*, II, p. 272.

(****) *Z. d. Deutsch. geol. Gesellsch.*, 1887.

cémentation ayant, sur des nodules cuprifères, produit,
après une première croûte appauvrie, une zone d'enrichissement.

Comme exemple des premières réactions, nous citerons
le gite de Mednoroudiansk, près Nijni Taguil, dans l'Oural [*].

Il existe là, au contact de la syénite, un filon de
magnétite et de chalcopyrite, dont l'altération superficielle,
favorisée par la présence de calcaires siluriens, a donné, en
même temps que de l'hématite, des oxydes, carbonates,
silicates et phosphates de cuivre. On a, en particulier,
exploité, dans ces calcaires, une grande poche de dissolution de 120 mètres de large [**], pleine d'argile rouge
empâtant des blocs de malachite, azurite, etc., et où l'on
rencontre également de la calamine, ainsi que des oxydes
noirs de cobalt et de manganèse, analogues à ceux de
la Nouvelle-Calédonie.

Dans l'Arizona, de grands filons de chalcopyrite quartzeuse, au contact de l'andésite amphibolique et du calcaire, contiennent, près des affleurements, des oxydes et
carbonates de cuivre, avec oxyde de fer, dans une argile
de décomposition.

Les larges filons de Burra-Burra, en Australie, ont
présenté, de même : à la surface, du fer hydroxydé ; puis
des cuprites, malachites, azurites, atacamites et cuivre
natif ; plus bas, de la phillipsite ; enfin de la chalcopyrite
à gangue quartzeuse.

Ailleurs, comme au Chili, ces affleurements cuivreux renfermaient souvent, avec les carbonates et silicates, des sels
chlorurés ; parfois des matières pulvérulentes de couleur
foncée, avec fines particules de phillipsite et, sur cette

---

[*]. *Gites métallifères*, II, p. 245 à 252.

[**] Comme preuve de cette dissolution, on peut remarquer que
l'oxyde rouge contient des fossiles du calcaire, ayant résisté à la dissolution.

phillipsite, accidentellement, des houppes d'or natif, cristallisées pendant la remise en mouvement.

Le cuivre natif se produit aisément dans le même phénomène, quand les sels cuivreux rencontrent des matières réductrices : on en trouve, aux affleurements des gites de la province d'Huelva, dans les fissures des roches encaissantes et jusque sur les bois de mine antiques (*).

En dehors de cette formation d'oxydes et de carbonates, l'action d'altération superficielle est caractérisée, pour les minerais de cuivre, par des transformations et par une cémentation, dont M. Daubrée a pu observer la reproduction artificielle sur les médailles de bronze, restées, depuis l'antiquité, en contact avec les sources de Plombières ou de Bourbonne-les-Bains : médailles qui ont présenté : cuivre, chalcosine, phillipsite et chalcopyrite.

Généralement, la chalcopyrite et la pyrite de fer cuivreuse se transforment alors en phillipsite, chalcosine (**), cuprite et cuivre gris, que l'on doit, lorsqu'on les rencontre à l'affleurement d'un gite cuivreux, considérer comme une forme provisoire et superficielle, destinée à disparaître en profondeur. L'arsenic, l'antimoine, le phosphore, dispersés en profondeur, se sont concentrés sur le cuivre, comme ils le font pour l'argent (argent rouge et argent noir superficiels), et même pour le plomb (mimétèse, pyromorphite).

En même temps, le fer s'est isolé sous forme d'un chapeau d'oxyde de fer, plus ou moins épais, qui recouvre constamment les affleurements de filons sulfurés, et les métaux précieux, or et argent, dont le cuivre contient d'habitude de faibles traces, s'y sont concentrés de manière à donner parfois des cuivres gris fortement argentifères.

____

(*) Nous renvoyons, pour le cuivre natif du Lac Supérieur, à ce que nous avons dit de ces gisements, p. 49, à l'occasion des zéolites.

(**) Pour passer de la chalcopyrite $Cu^2Fe^2S^4$ à la chalcosine Cu^2S, il suffit de perdre le fer sulfuré Fe^2S^3; on arrive de même à la covelline CuS.

ou même des cristaux d'or natif, comme ceux que nous signalions tout à l'heure dans la phillipsite.

Dans le gisement de Monte Catini, en Toscane [*], cette cémentation s'observe presque aussi aisément que sur les médailles de Bourbonne. On trouve, en effet, dans la serpentine, des boules de fort diamètre contenant, du centre à la périphérie : pyrite de cuivre, cuivre panaché, enfin chalcosine et cuivre natif, tandis que des boules plus petites sont toutes transformées en cuivre panaché et chalcosine, certaines même exclusivement en chalcosine. Le même ordre de succession s'observe en gros, quand on examine la coupe du gisement, de la profondeur à la surface.

Dans les gîtes de Rio Tinto et de San Domingos en Espagne [**], les grands amas de pyrite de fer cuivreuse à 3 ou 4 p. 100 de cuivre contiennent des veines secondaires, formées de phillipsite et de chalcosine à 10 ou 20 p. 100, que les anciens ont tout particulièrement recherchées. C'est, d'ailleurs, un fait bien connu que le caractère précaire des gîtes de cuivre gris, à gangue de sidérose [***], souvent très argentifères, qui, en profondeur, se transforment en pyrites de cuivre et de fer, beaucoup plus pauvres [****] (Sierra Nevada, Mousaïa, Bosnie, Mexique, etc.). Par une réaction du même genre, divers filons cuivreux de la région de Butte City, au Montana, formés en profondeur de chalcopyrite à 8 ou 9 p. 100 de cuivre, présentaient, à la surface, du sulfure noir de cuivre (mattite) à 14 ou 16 p. 100 [*****].

---

[*] *Gîtes métallif.*, II, p. 238.
[**] *Ibid.*, p. 296 à 302.
[***] *Ibid.*, p. 304.
[****] Le cuivre gris est fréquemment accompagné de barytine, que nous avons appris à considérer comme une gangue généralement superficielle et qui disparaît pour faire place au quartz, quand on arrive à la chalcopyrite.
[*****] *Ibid.*, II, p. 265.

Zinc. — Pour le zinc, l'étude que nous avons pu faire sur place, depuis dix ans, de la plupart des gisements européens, en Sardaigne, en Silésie, en Grèce, en Suède, en France et en Algérie, nous a conduit à des conclusions particulièrement nettes au sujet de ces remises en mouvement, qui font l'objet principal de ce mémoire (*), et c'est pourquoi nous nous y arrêterons un peu plus longuement.

Le zinc, qui ne joue à l'état d'inclusions qu'un rôle assez insignifiant et surtout théorique, s'est toujours séparé des roches mères (assez difficiles à déterminer dans la majeure partie des cas), sous la forme d'un sulfure, associé, en proportion plus ou moins forte, aux deux autres sulfures de fer et de plomb, dans un groupement caractéristique : blende, pyrite, galène, qu'on peut appeler, pour simplifier le langage, les B. P. G. Tantôt l'un de ces trois sulfures domine, tantôt l'autre, jusqu'à former, à lui seul, le remplissage pratiquement utilisable de toute une portion de gite; mais l'association entre eux est tellement intime et naturelle que, dans le même filon, il arrive constamment de voir, sans aucune loi, et aussi bien en direction qu'en profondeur, le remplissage principal passer de la galène à la blende, ou à la pyrite, et réciproquement.

C'est sur des dépôts primitivement sulfurés, qu'ont porté les altérations superficielles récentes, par l'effet desquelles les B. P. G. se sont oxydés, dissous, remis en mouvement, et finalement séparés suivant leur solubilité,

---

(*) Nous insisterons spécialement ici sur deux gisements, que nous avons visités depuis la publication de notre ouvrage sur les *Gites Métallifères*, et dont nous n'avons pas encore eu l'occasion de donner une description personnelle : le Laurium en Grèce et les Malines dans le Gard.

Nous avons parcouru malheureusement un peu vite la concession du Laurium (Kamaresa, Plaka), en 1894, avec M. Mouile, qui en était le directeur, et qui a bien voulu nous faire profiter de ses observations. Aux Malines (en 1895), nous avons également profité des obligeants renseignements de M. Auzépy.

avec des résultats très différents suivant la nature des roches encaissantes : effets n'ayant réellement atteint leur maximum d'intensité que lorsque ces roches étaient calcaires et pouvaient, par suite, fournir aux eaux altérantes un excès d'acide carbonique, capable d'amener la transformation du zinc, du fer, et, plus rarement, du plomb, en carbonate.

Dans ces calcaires, la transformation en carbonate de zinc (comme celles en carbonate de fer ou de manganèse, précédemment étudiées) a constamment suivi le réseau des fissures antérieures de la roche et pénétré, à partir de là, par porosité dans la masse.

L'origine superficielle et récente des minerais carbonatés de ces trois métaux, toujours exclusivement concentrés dans les calcaires (*), est suffisamment démontrée par la façon dont les sulfures y augmentent peu à peu avec la profondeur et deviennent dominants, lorsqu'on passe au-dessous du niveau hydrostatique. Comme, en dépassant ce niveau hydrostatique, on est, en outre, exposé, dans les calcaires souvent très fissurés, où se trouvent les amas calaminaires, à d'importantes venues d'eau, il en résulte une double raison pour que l'exploitation industrielle des gisements s'arrête, presque toujours, à ce niveau, et pour que la forme sulfurée profonde des gisements calaminaires ait passé inaperçue dans la plupart des cas.

Ce métamorphisme, qui transformait des sulfures en carbonates, a eu pour corollaire la production assez fréquente de cristaux de gypse (moins abondants qu'ils ne devraient l'être, à cause de leur facile redissolution), et la circulation des eaux a creusé, au voisinage des gisements,

---

* Pour le zinc seul, dont le carbonate est la forme stable, on trouve, aux affleurements de presque tous les filons blendeux, même lorsqu'ils sont encaissés dans les schistes, du carbonate, alors simplement produit par l'acide carbonique de l'air.

de très nombreuses grottes, dans lesquelles, par remise
en mouvement, se sont souvent formés de ces cristaux
de gypse, en même temps que se précipitaient des enduits
calaminaires.

Il faut, d'ailleurs, ajouter que les trois sulfures de zinc,
fer et plomb se sont comportés différemment dans ces
réactions [*]. Le zinc est, en majeure partie, resté en place à
l'état de carbonate; le fer a été beaucoup plus déplacé,
souvent même à grande distance; une portion seulement
s'est métamorphisée sur place en carbonate (gîtes des
Pyrénées), ou reprécipitée un peu plus loin en sidérose
(Carthagène, Laurium); mais la majeure partie du fer
déplacé s'est précipitée sous sa forme réellement définitive, en peroxyde. Enfin le plomb a résisté davantage et
est souvent resté à l'état de galène, bien qu'on puisse
citer des exemples de grands gisements de plomb, entièrement transformés en carbonates.

D'une façon générale, comme il était aisé de s'y attendre,
il y a eu, dans cette zone superficielle et altérée, disparition d'une partie des métaux, toutes les fois qu'ils n'ont
pas été fixés sur place par les calcaires encaissants, sous
la forme, au contraire plus avantageuse, des carbonates.

Quand on observe des filons de galène ou de pyrite à
leurs affleurements, on remarque par suite, constamment,
que ces sulfures ont complètement disparu et l'on y voit
uniquement le quartz, qui constitue leur gangue en profondeur, avec une certaine proportion d'argile, ou de
boue, chargée d'efflorescences sulfatées.

Nous citerons simplement, à ce propos, les filons de
quartz et galène de Flaviac, près de Privas, dans le Gard,
perforés de nombreux travaux antiques et où la Société

---

[*] Voir, sur ces questions, notre ouvrage *l'Argent* : p. 17 (Solubilités
des sulfates de fer, zinc, cuivre et argent), et p. 64 à 74 (Variations des
filons en profondeur).

de la Vieille-Montagne a fait quelques recherches. Ces filons, exclusivement quartzeux aux affleurements, ont été assez chargés de plomb en profondeur pour que les anciens les aient exploités jusqu'à 65 mètres au-dessous du niveau hydrostatique.

Par une remarque déjà faite antérieurement, le facteur temps joue, dans ces actions de métamorphisme, un rôle très considérable : ce n'est qu'avec une extrême lenteur et très progressivement que se sont produites ces substitutions et ces dissolutions dans l'intérieur de masses calcaires, et il arrive très souvent, dans un gisement qu'on étudie, que la période géologique depuis laquelle le niveau hydrostatique actuel est constitué, n'ait pas duré assez longtemps pour avoir permis aux réactions d'atteindre leur forme définitive.

En raison même de cette influence du temps, suivant la compacité des roches, leur silicification, leur degré de fissuration, l'altitude du point considéré au-dessus du plan d'eau, le régime météorologique de la contrée, etc., les résultats pourront être tout à fait différents.

Les phénomènes que l'on observe, par exemple, au *Laurium*, près d'Athènes, sont beaucoup plus complexes, et d'une interprétation beaucoup plus difficile qu'on ne pourrait le supposer d'après les descriptions anciennes.

Comme le montrent la carte géologique et les coupes de l'Attique publiées par Lepsius en 1893, il existe, dans cette région, un massif de terrains anciens métamorphiques, formés d'alternances de calcaires marmoréens, parfois dolomitiques et de schistes micacés (schistes de Kæsariani, que surmontent, en discordance, les terrains crétacés d'Athènes, de l'Acropole et du Lycabette [*].

[*] Richard Lepsius, *Geologie von Attika, Ein Beitrag zur Lehre vom Metamorphismus der Gesteine*. Berlin, 1893. 1 vol. in-4° de 146 p., avec carte géologique de l'Attique au 1/25.000, et *Griechische Marmorstudien*, 1890. *Abh. der preuss. Akad. Wiss.* — Cf. *Gîtes métall.*, II, p. 375 à 387.—

Ces terrains primaires, où sont exclusivement concentrés les gîtes métallifères et dont la nature chimique variable a eu, sur leur mode de dépôt, une influence prépondérante, ont subi un mouvement de plissement et de dislocation très prononcé, qui a produit, notamment, à l'ouest, une grande faille N.N.E.-S.S.O., à laquelle s'arrêtent les travaux (*) ; faille, par endroits, réduite à un simple pli.

Nous avons été heureux de voir que M. Lepsius avait été conduit, contrairement à l'opinion des géologues autrichiens, à la même conclusion que nous avaient suggérée nos propres études sur les îles de la Mer Égée *Arch. des Missions scientif.*, 3ᵉ sér., t. XVI, 1890, p. 21 , à savoir qu'il y avait lieu de distinguer des calcaires crétacés, métamorphiques, les marbres plus anciens du Pentélique, de Paros et de Métélin, Thasos, etc., faisant partie d'une série primaire. A Paros, Naxos et Seriphos, il a trouvé les marbres intercalés dans de véritables gneiss, qui doivent, il est vrai, résulter eux-mêmes du métamorphisme de sédiments anciens, mais de sédiments primaires.

En Attique, les terrains crétacés, disloqués et érodés, laissent apparaître trois zones de terrains primaires *krystalline Grundgebirge*, sur lesquels ils reposent en discordance : celles du Pentélique, de l'Hymette et du Laurium. Le nom des schistes de Kæsariani vient du couvent de Kæsariani, au nord de l'Hymette.

Sans vouloir faire ici une description détaillée des terrains du Laurium, rappelons que l'on a, de haut en bas, les alternances de calcaire et de schiste C_1, S_1, C_2, S_2, C_3, avec le *premier contact* entre S_1 et C_2 ; le deuxième, entre C_2 et S_2 ; le troisième, entre S_2 et C_3. A Camaresa, on a les schistes S_2 sur une épaisseur de 80 mètres, au-dessus de la cote 96 et, à leur base, le troisième contact, qui forme là le principal champ d'exploitation : les travaux s'arrêtent, au fond du puits Serpieri, à 5 mètres au dessous de la mer ; mais un sondage a reconnu la persistance des calcaires C_3 jusqu'à 200 mètres au-dessous de la mer. Ce calcaire devient très magnésien en profondeur, jusqu'à passer à la dolomie théorique.

Les schistes S_1 et S_2 sont ceux que M. Lepsius a appelés schistes de Kæsariani. Les calcaires C_3 sont, pour lui, le marbre inférieur *loc. cit.*, p. 65. Le calcaire C_2, dont l'épaisseur est très variable 30 mètres au puits Serpieri et qui fait complètement défaut dans un puits situé à 500 mètres à l'ouest de Kamaresa, est considéré comme un niveau adventif, analogue à ceux que l'on observe dans l'Hymette. C_1 est le marbre supérieur.

(*) Cet accident a été suivi souterrainement par une galerie de direction de 4 kilomètres, sans qu'on ait songé à aller voir, par une recoupe, ce qui pouvait exister au delà. Dans ces dernières années, seulement, un travers-bancs, tenté ainsi dans le sud, est allé tomber dans des schistes.

ailleurs, au contraire, très nette comme dislocation et remplie de fragments roulés.

A ces plissements, qui ont affecté le crétacé (*), se rattachent, sans doute, toute une série de cassures, soit N.N.E., soit perpendiculaires, qui découpent l'ensemble de ces terrains, mais surtout les calcaires. Ces cassures ont été suivies : d'une part, par des filons E.O., avec pendage nord, d'un granite à grain fin, sans mica blanc, mais avec quartz bipyramidé, qu'on appelle localement de l'eurite (**) et qui se rattache à un grand massif de même roche situé au nord, près de Plaka (***) : puis, par des imprégnations métallifères à sulfures complexes et, en dernier lieu, par les eaux superficielles, qui, en altérant les gisements, ont si fortement contribué à leur allure actuelle (****).

En outre des granites, la région présente de nombreux

---

* Lepsius, *loc. cit.*, p. 75.

** Les galeries de mines suivent souvent ces eurites, qui sont plus résistantes et ont amené une métallisation au contact. Il existe, à Kamaresa, plus de 70 kilomètres de galeries, dont 35 inaccessibles ; à Plaka, 30 ou 40.

*** Le granite de Plaka Coll. *École des Mines*, 1681-15 à 18 ; — voir Lepsius, *loc. cit.*, pp. 72 et 88 est un granite à grain fin, de type légèrement microgranitique, formé d'orthose, quartz en cristaux isolés, riche en inclusions liquides et biotite abondant. Il en dérive un certain nombre de filons et d'apophyses Coll. *École des Mines*, 1681-19 à 21, cinq ou six dans les seuls travaux de Kamaresa ; le plus souvent des granulites à grain fin ; parfois des microgranites avec quartz bipyramidés, qui n'ont exercé aucun métamorphisme sur le marbre traversé par eux, mais ont parfois injecté les schistes. Certaines de ces apophyses, en particulier des eurites de Kamaresa, sont amphiboliques. Les analyses (voir Lepsius, *loc. cit.*, p. 93 y ont souvent trouvé du zinc : jusqu'à 2 p. 100 dans un échantillon frais provenant de la mine de Kamaresa, et ne contenant pas de sulfures. La même roche ne contenait pas de plomb et les apophyses semblables, en dehors de la mine, ne renfermaient ni zinc ni plomb ; ce qui ne nous permet guère d'adopter l'idée de M. Lepsius *loc. cit.*, p. 72 et 76, d'après lequel les sulfures auraient été apportés par cette eurite.

**** Pour M. Lepsius, ces granites (d'un type déjà granulitique seraient plus récents que les schistes crétacés d'Athènes.

massifs de gabbros, parfois à olivine, souvent serpentinisés, qui recoupent même le crétacé (*).

Les gites métallifères sont nombreux et de grande importance : du nord au sud, on distingue : la région du Dhaskalio, riche en fer et en manganèse ; puis les deux groupes de Plaka et de Kamaresa (**), qui constituent les exploitations du Laurium français (***) ; enfin le cap Sunium, où des minerais analogues, sur lesquels on a tenté quelques recherches, passent rapidement au-dessous du niveau de la mer, que, dans ces calcaires fissurés, il est impossible de franchir.

Les minerais sont formés de sulfures complexes de zinc, fer et plomb, B. P. G., légèrement arsenicaux.

Au Laurium proprement dit, les travaux antiques, qui ont eu un développement très considérable, avaient porté exclusivement sur les minerais altérés oxydés, d'un traitement plus facile, qu'ils ont à peu près complètement épuisés ; les anciens s'étaient attaqués surtout à des masses de galène argentifère situées principalement au contact des schistes S_3 avec le calcaire inférieur C_3 (troisième contact), et également à ce que l'on appelle le contact subordonné, ou couche Clémence, entre deux schistes S_2 de nature différente. Quand on a repris les exploitations, en 1876, on s'est, d'abord, occupé, presque exclusivement, de la calamine, qui, négligée par les anciens, formait de grands amas d'origine secondaire. Actuellement, la calamine s'épuise, et la mine redevient, avant tout, une mine

---

(*) Coll. *Ecole des Mines*, 1681-12 à 14.

(**) Plaka est à 270 mètres d'altitude ; Kamaresa entre 140 et 180 mètres.

(***) Le centre des mines du Laurium est Ergastiria.

On sait qu'il existe une autre Société, dite du Laurium grec, qui est une société métallurgique, à laquelle appartient, des gisements antiques, « tout ce qui a vu le jour », c'est-à-dire principalement les résidus de laveries, appelés les *ekvolades* et quelques restes de scories, que l'on retire de la mer par un dragage.

de galène argentifère : sur les deux districts de Kamaresa
et de Plaka, qui divisent la concession, le premier seul
produit encore environ 35.000 tonnes de calamine, tandis
que la production de plomb atteint 8 à 9.000 tonnes (*).

Le gisement de profondeur, que l'on a atteint dans ces dernières années, est un gite sulfuré formé des trois sulfures B.
P. G. (**), tellement complexe que l'on trie, dans la mine,
quatorze sortes de minerais et que l'une des grandes difficultés du traitement consiste dans la perfection à laquelle
il serait nécessaire de porter la préparation mécanique.
Par une association, qui est fréquente dans les gites de
plomb et, spécialement, ce semble, dans les gites très argentifères (Sarrabus en Sardaigne, etc.), la fluorine est assez
abondante (***); elle accompagne souvent des minerais à
forte teneur en argent (jusqu'à 4 et 5 kilogrammes d'argent à la tonne de plomb), la richesse en argent paraissant même souvent indépendante de la teneur en galène,
comme si l'argent était directement associé à la fluorine.

---

* Les minerais restants sont abondants, mais généralement pauvres.
A Plaka, où l'on a les massifs les plus intacts, la teneur moyenne est
de 10.50 de plomb, 11.50 de zinc, et le reste de fer, avec 700 grammes
d'argent à la tonne de plomb.

On a à peu près cessé au Laurium de produire de la blende
(1.200 tonnes en 1893). Signalons, dans les minerais, une proportion
d'arsenic assez forte pour que le Laurium soit devenu un producteur
important de cette substance : environ 1.500 tonnes de fumées arseni-
cales à 48 p. 100, vendues principalement aux fabriques de couleurs
anglaises.

Nous avons dit, plus haut, p. 73, qu'en 1894 on avait, en outre, extrait
60.000 tonnes de minerais de manganèse à 16 ou 18 p. 100. Cette association du zinc avec le manganèse est un fait assez fréquent : on la retrouve
notamment à Monteponi, en Sardaigne (*Gîtes métall.*, II, 403).

Un peu de cuivre apparaît généralement au voisinage des curites.

** Coll. *Ecole des Mines*, 1681-38 à 40.

*** Depuis quelques années, elle augmente très sensiblement de proportion, et l'on a cru remarquer que, dans les régions chargées de fluorures, les roches présentaient un air de sécheresse très spécial. Au sud
et au sud-est notamment, il y a toute une région fluorée qui n'avait
pas été touchée des anciens ; la région centrale est celle des minerais
sulfurés ; la région nord, celle des carbonates de manganèse.

L'allure de ces minerais primitifs B. P. G s'est trouvée tellement troublée par les remises en mouvement postérieures, dont nous parlerons bientôt, qu'on n'est pas arrivé, jusqu'ici, à une explication tout à fait satisfaisante des conditions de leur dépôt.

D'après les observations faites par les ingénieurs de la mine (*), voici quels sont les principaux résultats acquis.

La minéralisation change de nature suivant les districts : au centre, dominent les sulfures ; au sud et au sud-est, les fluorures ; au nord, les minerais manganésifères.

Les sulfures, accompagnés ou non de fluorine, remplissent :

D'une part, des amas importants : 1° au *contact* des calcaires et des schistes, soit au-dessus, soit au-dessous des calcaires (2° contact exploité à Plaka ; 3° contact et contact subordonné, ou couche Clémence, à Camaresa) ;

Et, d'autre part, une série de fractures, dirigées N. 45° O., qu'on appelle fort improprement des *croiseurs*.

Les contacts ne présentent, en aucune façon, une couche continue et régulière comme pourrait l'être un gîte sédimentaire contemporain du dépôt, mais, au contraire, des remplissages, irrégulièrement épais, de zones de fracture et de brouillage ; et, depuis longtemps, on a été amené à l'hypothèse qu'ils étaient le résultat d'une ou plusieurs infiltrations postérieures, ayant circulé principalement dans les plans de joint de roches d'inégale résistance, entre les calcaires et les schistes, entre les calcaires et l'eurite, etc.

Leur épaisseur ordinaire ne dépasse guère 3 à 5 mètres, bien qu'on ait trouvé à Plaka (dont l'exploitation a été commencée seulement en 1886) des masses de sulfures compacts, malheureusement très complexes et difficiles

---

(*) En outre du directeur, M. Moulle, ses ingénieurs divisionnaires, MM. Pelfau et Doche, ont bien voulu nous faire profiter de leurs remarques.

à séparer les uns des autres, atteignant 18 mètres de haut.

La minéralisation, plus ou moins épaisse, des contacts dépend, en somme, directement de la présence des croiseurs, ou diaclases minéralisées, qui, parfois, comme dans la région Isabelle, forment, dans le calcaire, deux groupes distincts, inclinés en sens inverse comme les faces d'un toit et donnant des intersections horizontales très multipliées : par suite, une zone de broyage très intense, sur 8 ou 10 mètres de haut.

Ces croiseurs, qu'il est impossible de considérer comme de véritables filons, car ils ne descendent jamais à plus de 15 mètres de profondeur au-dessous du calcaire marbre, peuvent être suivis, en certains points, sur plusieurs kilomètres de long et passent même parfois, sans déviation, du calcaire au schiste ; dans la région Clémence, on a exploité leur minéralisation, dans les schistes, à l'intersection de lits calcaires adventifs, où s'étaient produits des sortes de tuyaux horizontaux minéralisés, dans lesquels les anciens avaient déjà pénétré.

Le remplissage des croiseurs, variable suivant les points, est, dans la région N.E. de Kamaresa, dite Isabelle, exclusivement formé de galène riche (a 2 ou 3 kilogrammes d'argent par tonne de plomb) sans blende ; dans la région Serpieri, il comprend les trois sulfures B. P. G. ; mais là il faut remarquer que ces croiseurs ne sont minéralisés qu'à la rencontre d'autres cassures, appelées griffons, dont nous allons parler (*) : fait très singulier, qui avait fait croire autrefois, d'une façon certainement inexacte, que ces griffons représentaient les chenaux d'arrivée des émanations métallifères.

(*) C'est un fait constant dans les gîtes métallifères que l'enrichissement aux intersections de fractures, qui constituent des colonnes de moindre pression pour les eaux.

Ces *griffons* sont des fractures du calcaire, à peu près perpendiculaires aux croiseurs, c'est-à-dire N.E., qui rejettent souvent très nettement les croiseurs d'environ 1 mètre suivant la verticale et qui correspondent donc à un mouvement du sol postérieur à la minéralisation. Une remise en mouvement secondaire, que nous étudierons bientôt, y a déposé de la calamine, très visiblement apportée par en haut (car on retrouve parfois, au-dessous du remplissage, la fissure restée vide) et résultant de l'altération des blendes voisines, comme on en a la preuve, notamment, en constatant que ces griffons, chargés de calamine et d'oxyde de fer dans la région Serpieri, où les sulfures sont des B. P. G., deviennent stériles dans la région Isabelle, où il n'y a que de la galène, qui s'altère difficilement.

Sans se dissimuler que toute tentative d'explication de ces gisements complexes présente de grandes difficultés de détail, on peut supposer que le plissement postcrétacé, qui a disloqué les terrains et provoqué les venues de granite et celles de gabbro, a été suivi par des venues hydrothermales filoniennes, chargées de sulfures divers, dont l'infiltration, suivant les plans de joint et cassures de terrains, peut-être avec actions de dissolution et de substitution dans les calcaires, a produit les gisements primitifs [*].

L'altération superficielle a présenté, dans la suite, sur

---

[*] On a souvent l'occasion de constater de ces intrusions postérieures, assez difficiles à concevoir en détail. C'est ainsi que des couches de silex se sont formées dans le bassin parisien, longtemps après le dépôt des couches encaissantes. Dans le permien, le trias et même le lias, sur la périphérie du Plateau Central, de la silice, accompagnée de galène, barytine et fluorine, a souvent pénétré en grande abondance dans des bancs, où elle a incrusté des fossiles : ce qui est la preuve bien nette qu'elle n'y est pas contemporaine du dépôt *Gîtes métall.*, II, p. 516, sur Chabrignac, Avallon, Chitry, etc.. On peut se demander si, dans un cas comme celui du Laurium, les eaux filoniennes n'ont pas, avant de déposer le minerai, commencé par élargir les fractures et creuser, dans le calcaire, de véritables grottes, qu'elles ont remplies ensuite.

ces gisements de sulfures encaissés dans des calcaires fissurés et largement perméables aux eaux oxydantes de la surface, une remarquable intensité. Les phénomènes produits ont, d'ailleurs, été ceux que nous avons déjà eu l'occasion d'étudier et de décrire ailleurs, en Silésie, en Sardaigne, etc. [*], c'est-à-dire que la blende s'est transformée en calamine, parfois très épurée de son fer et alors blanche, parfois au contraire ferrugineuse et rougeâtre; le fer a donné de l'hématite et de la sidérose; le plomb, moins altérable, a produit un peu de cérusite, mais est resté surtout à l'état de galène.

En même temps, il s'est développé, par réaction sur les calcaires et les dolomies, une certaine proportion de gypse, que l'on trouve surtout à la base des griffons [**] et probablement aussi du sulfate de magnésie plus soluble.

Ces divers métaux ont souvent subi un transport. C'est ainsi que, dans les griffons, s'est déposée de la calamine, venant des contacts et des croiseurs: les parois verticales, primitivement érodées et décapées par les eaux acides, ont reçu des couches concrétionnées de calamine, comme une stalagmite; sur les parois horizontales, il y a eu, au contraire, souvent pénétration par substitution; dans l'axe, il s'est déposé de l'oxyde de fer, ou parfois de la sidérose, et il a pu rester un vide, dont on retrouve généralement la prolongation en profondeur au-dessous du remplissage.

Ces vides des griffons, creusés par les eaux le long des diaclases du calcaire, passent souvent à de véritables grottes. Le Laurium est certainement un des points du monde où les phénomènes spéléologiques présentent, avec

---

[*] *Gîtes métall.*, II, p. 372 et 134.

[**] Le gypse, qui aurait dû se produire dans la substitution de la calamine au calcaire, a été, en général, redissous, comme on en a la preuve en trouvant des épigénies de gypse en calamine, auxquelles on peut comparer les épigénies de gypse en silice du bassin parisien.

les gisements métallifères, l'association la plus intime et la plus curieuse à étudier.

Les grottes, très abondantes au contact des gîtes métallifères et dont le creusement a dû être favorisé par l'acidité spéciale des eaux, ont parfois reçu des dépôts de minerais carbonatés ou sulfurés sous diverses formes.

C'est ainsi, comme nous venons de le voir, que les soit-disant *griffons*, — qui ne sont, en réalité, que des cassures, probablement postérieures à la minéralisation sulfurée, — forment souvent de grandes fentes vides, avec de vraies grottes enduites, les unes de calamine, les autres de calcite, quelques-unes de gypse, fentes dont la rencontre soudaine, dans les travaux, produit un aérage naturel et sur les parois desquelles a pu se déposer un enduit calaminaire, dont on a constaté parfois la cristallisation tout à fait contemporaine.

Aux environs du puits Serpieri, on a rencontré, en 1891, à la cote 50, au chantier 65, une véritable grotte de 10 mètres de large, sur 5 à 6 mètres de profondeur, entièrement recouverte d'un enduit de calamine bleue et verte, d'où partaient, comme de grandes flèches, des cristaux de gypse qui avaient parfois 1^{m}.80 de long (*).

Dans les masses calaminaires des griffons, la nature de la calamine varie suivant les points : dans le centre des grandes masses calaminaires, qu'on a exploitées d'abord, on avait de belles stalactites calaminaires, tandis qu'aujourd'hui on ne fait plus, en général, que vider les poches plus minces, ou gratter les bords des grands amas, dont la calamine est en couches plus opaques et plus impures.

Parfois, dans les parties hautes des griffons, on a trouvé des éponges d'oxyde de fer sur lesquelles s'étaient dépo-

---

* Nous avons rapporté, pour l'École des Mines, quelques-uns de ces grands cristaux de gypse, donnés par M. Moulle : *Coll.* 1681 290 à 293.

sées, comme sur une sorte de filtre, des perles d'ada-
mine (*).

Quant aux fractures antérieures à la minéralisation et
remplies par les sulfures B. P. G., qu'on a le tort d'appeler au Laurium des *croiseurs*, elles ont souvent donné,
à l'intersection des délits du calcaire, de vrais *tuyaux*
horizontaux, parfois vides, ou enduits de stalactites calcaires, parfois, au contraire, remplis de minerais oxydés
et brouillés, qui sembleraient donc s'être déposés là dans
de véritables grottes.

A ces mêmes réactions superficielles, on peut rattacher une importante galerie de grotte de 150 mètres
de long, que l'on a trouvée à Dipsilesa, avec, sur le sol, un
précipité de limon manganésifère à 32 p. 100 de manganèse et 16 p. 100 de fer, recouvert par une croûte de
calcite.

Dans la même région, on a rencontré, vers 1889, une
grotte vide de 2ᵐ.50 de large et 5 à 6 mètres de long,
tapissée de cristaux de cérusite, avec brèche osseuse à
la base.

Les grottes sont, d'ailleurs, nombreuses dans ces
marbres de l'Attique, en dehors même de la région
métallisée, et M. Lepsius en a signalé plusieurs (**).

On peut rapprocher des gisements du Laurium des gites,
que nous n'avons pas visités, mais qui, d'après les rensei-

* *Coll.*, 1681-274 à 277. — Comme éléments accessoires, on a
trouvé, au Laurium, des sels de cuivre : chessylite avec cuivre oxydulé et
aiguilles de lettsomite sulfate de cuivre et d'alumine, (éch. 229) ; azurite, avec fer oxydé hydraté (230) ; azurite avec chrysocolle (232) ; sels
de cuivre colorant du gypse ou de la calamine (231 et 233) ; lettsomite
(234 à 236) ; arséniate et sulfate de nickel (238 et 239).

** *Loc. cit.*, p. 20. Sur le flanc nord du Pentélique, l'une d'elles, dans le
marbre inférieur C_a, a été, depuis l'antiquité, l'objet d'un culte religieux
et renferme encore une chapelle. Dans le sud de l'Hymette, le même
marbre en contient une de 200 mètres de long sur 100 de large, la Vulias-
meni, où l'eau de mer pénètre par des fissures souterraines et vient
former une piscine, utilisée comme bain salé par les Athéniens.

gnements que nous avons sur eux, nous semblent pouvoir être interprétés d'une façon très analogue, en invoquant également des remises en mouvement récentes : ce sont ceux de *Carthagène* (*).

Là, également, on a des alternances de bancs schisteux et calcaires, dans lesquels se sont produites, d'abord des imprégnations de sulfures B. P. G., en rapport probable avec des filons, qui, bien visibles dans les schistes, ont été étalés et éparpillés par altération dans les calcaires. C'est ainsi que l'on a eu des lentilles de blende discontinues dans les schistes inférieurs, une importante couche de silicates de fer, avec galène, intercalée au milieu de ces schistes et, au contact entre les schistes et les calcaires, un lit irrégulier de minerais de fer manganésifères reposant sur des carbonates de plomb, qui, rencontrés dans les parties superficielles, seules attaquées jusqu'ici par les travaux, représentent évidemment l'état oxydé et altéré de sulfures B. P. G., semblables à ceux du Laurium.

La remise en mouvement de ces sulfures a donné, en même temps que ces oxydes de fer et carbonates de plomb, dans le calcaire supérieur, de grands amas calaminaires suivant des diaclases et d'autres amas, dits *crestones*, formés de sidérose, avec galène plus ou moins transformée en cérusite. Aux affleurements enfin, on a trouvé des ocres avec argent natif, cet argent venant évidemment de galènes disparues.

Nous décrirons un peu plus longuement un gîte, que nous avons pu étudier par nous-même (**), celui des *Malines*, dans l'Hérault, à 11 kilomètres de Ganges.

La concession des Malines est dans une région (groupe

(*) *Gîtes métall.*, II, p. 350 à 356. La théorie, que nous exposons ici sur ces gisements, est très différente de celle qui avait été antérieurement proposée pour les expliquer.

(**) En mai 1895.

de Saint-Laurent-le-Minier), dont la minéralisation abondante a été très anciennement reconnue et où l'on a exploité une série de gisements de plomb, zinc et fer, affectant les terrains les plus divers : ce qui suffit à en montrer, contrairement à certaines théories, le caractère nettement filonien et intrusif (*).

C'est ainsi qu'à Riols, près de Saint-Pons, non loin de Ganges, la blende, en filons, recoupe les schistes métamorphiques ; à Maudesse, la calamine est dans les dolomies quartzeuses de l'infralias ; aux Avinières, dans une dolomie de la base du lias ; à Mas Rigal, dans le lias ; aux Malines, dans la dolomie bathonienne, intercalée entre les marnes liasiques et les calcaires oxfordiens, qui forment, au dessus, de beaux escarpements.

Ces gisements, qui partagent, avec la plupart des amas calaminaires de tous les pays, ce caractère commun d'être compris, non dans des calcaires proprement dits, mais dans des dolomies (**), semblent en relation avec un groupe de filons, ou, tout au moins, de fractures minéralisées, dont le remplissage, aux affleurements, est principalement barytique.

Ce groupe de filons s'étend assez loin : au Mas de Beangis, la calamine cloisonnée englobe des blocs de barytine ; à Mas-la-Combe, un filon complexe renferme, avec de la barytine et du quartz, des minerais de zinc et de cuivre ; près des Malines mêmes, à l'ouest, vers Mon-

---

(*) Cf. *Gîtes métallifères*, II, p. 429 à 436. Parmi les plus importants, l'amas des Avinières, qui a été exploité à ciel ouvert par la Société des Zincs français, a produit environ 120.000 tonnes de calamine : les deux Jumeaux, au nord de Ganges, ont donné, quelque temps, de bons résultats : Maudesse a été repris plusieurs fois, etc.

(**) Peut-être, parce que le carbonate de magnésie a, suivant une hypothèse de M. Dieulafait, chimiquement facilité la précipitation, ou la substitution du carbonate de zinc. Une dolomie des Malines, considérée comme stérile, nous a donné à l'analyse : chaux, 29,60 ; magnésie, 19,60 ; perte par calcination, 48,40 ; argile, 0,60 ; peroxyde de fer, 0,80 ; zinc, 0,80.

tardier, on voit, suivant une grande faille, qui, au nord-
fait buter le trias contre le bathonien et limite nette,
ment les gîtes, plusieurs filons barytiques parallèles E.O.,
avec mouches de cuivre, de 1 mètre et plus d'épaisseur,
appelés le filon Castelnau. 200 mètres plus à l'est, des
veines perpendiculaires, c'est-à-dire N.S., également remplies de barytine avec galène et blende, semblent des
ramifications latérales du même filon.

Les imprégnations calaminaires, que l'on peut supposer
en relation d'origine avec ces filons de Castelnau, sont
strictement limitées à une couche de dolomie bathonienne,
cariée, caverneuse, poreuse, souvent friable, comme un
sable, quand elle est stérile, et qui, au contraire, quand
les sels de zinc s'y sont substitués aux sels calcaires,
a pris un aspect compact, déjà caractéristique par lui-
même avant toute analyse. L'oxfordien, au dessus, et les
marnes liasiques, au dessous, sont restés absolument in-
demnes.

Dans cette dolomie bathonienne, la minéralisation primitive et profonde paraît avoir pris la forme ordinaire des
sulfures B. P. G, avec grande prédominance ici de la blende
sur la galène et la pyrite, très rares. Mais, postérieurement,
il s'est produit, dans ces calcaires friables et disloqués,
une circulation d'eau intense, dont on peut se faire une
idée en visitant la mine, quelques heures après un orage,
et la voyant envahie par les eaux. Cette pénétration
d'eau, chargée d'oxygène et d'acide carbonique, a produit là tous les phénomènes ordinaires de grottes, d'abîmes,
galeries souterraines, etc., que M. Martel a si bien étudiés dans les Causses, mais, probablement, poussés ici à
leur paroxysme par la présence des sulfures donnant des
sulfates acides et accompagnés de reprécipitation des carbonates métalliques, et il en est résulté des phénomènes
de remise en mouvement, très analogues à ceux que nous
avons pu examiner au Laurium, en Silésie ou en Sar-

daigne, c'est-à-dire : des amas calaminaires, pouvant ne pas affleurer au jour[*], parfois contigus à des grottes, ou redéposés, dans les cavités mêmes, par un phénomène secondaire : un peu de carbonate de plomb et, accessoirement, de l'oxyde de fer, qui est en quantités insignifiantes aux Malines, mais qui, dans le gîte voisin des Avinières, a été assez abondant pour motiver la construction d'un haut-fourneau.

Par suite de circonstances complexes, assez difficiles à expliquer dans chaque cas particulier, mais dont les conséquences générales s'observent dans tous les gisements de ce genre, l'altération a été très variable d'un point à l'autre, et on peut en constater les différences sur les deux grands amas des Malines, qui ont été successivement découverts à côté l'un de l'autre, à 200 mètres au-dessus du niveau hydrostatique.

Au nord, l'amas Henri, plus récemment reconnu en 1892, est resté, en grande partie, à l'état de blende massive, noire ou brunâtre, dans sa moitié ouest, tandis qu'au nord-ouest, on a de la calamine plombeuse, séparée de la calamine pure par de la blende et, au sud-est, de la calamine plombeuse directement sur la calamine pure. Au sud, au contraire, l'amas de Cabrières est formé de calamines. La substitution calaminaire a, d'ailleurs, comme toujours, pénétré dans la dolomie en partant des fissures et des diaclases, gardant souvent la structure antérieure de cette dolomie et encaissant des noyaux inaltérés.

L'amas Henri, le plus grand, à 170 mètres de long sur 40 mètres de large, avec une puissance qui atteint, vers l'ouest, de 10 à 36 mètres ; l'amas de Cabrières a, en

---

[*] L'amas Henri, trouvé en 1892, à quelques mètres de la surface, n'affleurait pourtant pas : c'est, par suite, un peu au hasard, qu'on découvre ces gisements.

plan, 50 mètres sur 100, avec 13 mètres de puissance maxima (*).

Dans l'amas de Cabrières, qui forme lui-même, au milieu de la dolomie bathonienne horizontale, une lentille irrégulière, on a, généralement : à la base, de la calamine blanche, recouverte par de la blende plombeuse, qu'un léger filet d'argile en sépare ; puis de la calamine plombeuse avec cérusite et, à la partie supérieure, des terres rouges zincifères.

C'est assez l'équivalent des coupes de gisements silésiens, que nous avons données ailleurs (**), et où l'on a également, à la base, sur les calcaires corrodés du mur, de la calamine blanche, surmontée par de la calamine rouge plus ou moins mélangée de galène et par des minerais oxydés de fer.

La calamine plombeuse des Malines peut tenir, après calcination, 55 p. 100 de zinc contre 13 de plomb.

Quant aux argiles rouges (résidu évident de la dissolution chimique des dolomies), qui jouent un rôle important dans l'industrie des Malines (***), elles sont généralement peu ferrugineuses (10 à 12 p. 100 de fer), le fer étant rare dans le gisement profond sulfuré, mais assez fortement chargées de zinc : la galène y fait des mouchetures ou des zonages noirs, et l'on y retrouve des débris de dolomie intacte, ayant résisté à la dissolution (****).

Parfois ces terres rouges ont subi une lévigation, qui,

(*) En 1894, 500 ouvriers ont extrait 35.000 tonnes de minerai marchand, dont 20.000 tonnes de blende.

(**) *Gîtes métallifères*, II, p. 434.

(***) Après débourbage au trommel classeur, elles passent aux cribles à secousse et à des tables tournantes ; mais on a des difficultés, en raison de la légéreté des terres rouges, qui entraînent des parcelles de ces minerais et de l'inconstance de ces minerais, irrégulièrement décomposés et mélangés de carbonates.

(****) La teneur en argent des argiles provenant des galènes décomposées atteint souvent 450 grammes à la tonne.

par une véritable préparation mécanique, a séparé des couches d'ocre rouge légères et non métallifères des couches zincifères plus denses.

Ailleurs, on a toute une série de phénomènes analogues à ceux que l'on observe dans les grottes : par exemple, des couloirs souterrains, creusés dans le calcaire et qu'un bourrage de terre rouge, appliqué contre les parois, a entièrement remplis. Ou bien, l'on observe des grottes encore ouvertes, dont l'approche est signalée par des soufflards, parfois très violents, d'acide carbonique, résidu du dépôt des bicarbonates..

Dans ces grottes, on peut remarquer les deux modes et, en même temps, les deux phases de dépôt calaminaire, que nous avons précédemment envisagées d'une façon générale et théorique.

La majeure partie de la calamine est un produit de substitution et de pénétration par porosité dans les calcaires, antérieur au creusement de ces grottes, — qui peuvent, d'ailleurs, tout aussi bien exister dans une partie stérile que dans une partie métallisée et y ont été produites également par l'action dissolvante des eaux, soit pendant, soit après la transformation des sulfures en carbonates —.

Mais, quand ces eaux sont venues ainsi creuser un vide dans un calcaire déjà zincifère, les ébouls tombés du plafond (comme on en voit dans toutes les grottes) (*), ont été des masses calaminaires (dont on retrouve encore souvent le prolongement, resté adhérent à la voûte), et ces blocs calaminaires, plus ou moins plombeux, ainsi accu-

---

(*) On a la preuve que la grotte est postérieure à la transformation calaminaire, par la façon dont la calamine, dans les parois, passe progressivement au calcaire. Quand la calamine est arrivée, après coup, en dissolution, dans un vide préexistant, elle s'y est, au contraire, déposée nettement sur une paroi lisse, parfois même déjà enduite de stalactite calcaire.

mulés sur le sol, y ont été mélangés des produits ordinaires de la dissolution des calcaires, c'est-à-dire de terres rouges, remarquables ici par leur forte teneur en zinc.

Ailleurs, on observe que, par une remise en mouvement de la calamine, qui est une réaction encore postérieure à la transformation du sulfure en carbonate, et même au creusement des premières grottes, des croûtes, ou de petites stalactites de cette calamine, ont pu se déposer sur des fissures préexistantes, parfois avec accompagnement de gypse et d'anglésite.

Évidemment, tous ces phénomènes, de transformation du sulfure de zinc en carbonate, de creusement des grottes par dissolution du calcaire avec résidu d'argile rouge, de remise en mouvement des calamines ayant pu se redéposer en concrétions et en stalactites, de lévigation et d'épuration des minerais, forment un ensemble très complexe, produit par la circulation très prolongée des eaux.

Plomb. — Des phénomènes tout à fait analogues se présentent pour certains grands gisements de plomb argentifère, encaissés dans des calcaires et ayant pris, à la surface, par double réaction sur ces calcaires, la forme carbonatée (*).

Là encore, on observe la double influence :

D'une part, des réseaux de cassures du calcaire, particulièrement quand celles-ci se sont multipliées dans des zones de broyage formant stockwerk entre deux failles (type Eureka pour le carbonate de plomb, à rapprocher de las Cabesses pour le carbonate de manganèse);

D'autre part, des contacts de calcaires et de roches

(*) Nous en avons fait, dans notre traité des *Gîtes métallifères*, une catégorie spéciale : Gisements de plomb dans les calcaires, avec phénomènes de substitution, t. II, p. 610 à 652.

inattaquables (type Leadville, entre le calcaire et la micro-granulite, à rapprocher des exemples précédents du Laurium et de Carthagène).

En même temps, des grottes, soit vides, soit remplies de minerais en dépôts secondaires, ont été souvent creusées, au contact des gisements, par la circulation des eaux superficielles, qui, à peu près en même temps, exerçaient, sur le gite, ces actions de remise en mouvement.

Par exemple, à *Eureka* (Nevada) (*), on a exploité, dans une zone de broyage en forme de prisme triangulaire coincé entre deux failles, des amas de carbonates de plomb argentifère et aurifère, dispersés dans un calcaire dolomitique.

Ces amas, provenant de sulfures, galène, pyrite, blende, mispickel, etc., rencontrés en profondeur, présentaient, au-dessus du niveau hydrostatique : cérusite, anglésite, galène, mimétèse et wulfénite, avec du fer hydroxydé formant la masse de la gangue et une proportion relativement forte d'argent et d'or.

Par une particularité à noter, il semble bien que l'on saisisse, sur le fait, dans ce gisement, la preuve d'un phénomène qui a dû se produire assez souvent et exercer une certaine action sur les gites métallifères : à savoir, une variation récente du niveau hydrostatique, qui se traduit par une légère prolongation des minerais oxydés, un peu au-dessous de ce niveau actuel.

On a observé, fréquemment, à Eureka, à la partie supérieure d'un grand amas de carbonate de plomb, une cavité ouverte, renfermant un lit de sable et de galets au-dessus de minerais remaniés et ayant subi une véritable sédimentation ; c'est seulement un peu plus bas que l'on retrouve des minerais inaltérés. D'autre part, les sels de

---

*, *Gîtes métall.*, II, p. 626 à 637. La figure 319, p. 628, montre bien l'arrêt des travaux au niveau hydrostatique. — Cf. KEMP, *Ore deposits*, p. 196.

plomb ont visiblement pénétré par substitution dans le calcaire, dont ils conservent souvent la structure.

On a donc là, exactement comme aux Malines, des gîtes antérieurs à un creusement de grottes, qui, produit par la circulation des eaux souterraines, a accompagné leur remise en mouvement.

A *Leadville* (Colorado) (*), à environ 3.000 mètres d'altitude, les carbonates de plomb argentifères et aurifères, accompagnés d'hématite, se trouvent, en général, sous des microgranulites, qui forment un toit continu et homogène, dans des calcaires irrégulièrement corrodés et entamés par les eaux, dont les cassures élargies présentent des cavités analogues aux griffons du Laurium. Outre le carbonate de plomb et la galène, les minerais y renferment de l'anglésite, de la pyromorphite, du sulfate de fer, des chlorures, chlorobromures, etc., d'argent, des silicates de fer et de manganèse, de la barytine, de la strontianite, etc.

Là encore, on a affaire à la remise en mouvement, par des eaux superficielles, de gîtes sulfurés, retrouvés en profondeur, et l'on peut supposer que les eaux filoniennes, par lesquelles ceux-ci avaient été déposés, avaient dû déjà choisir, comme chenal d'intrusion, le plan de plus facile pénétration situé au contact des deux terrains d'inégale résistance.

En Asie-Mineure, M. Brisse a étudié, à *Bulgar Dagh*, à environ 60 kilomètres au nord de Tarsous et de Mersina, sur le flanc nord du Taurus Cilicien, des gisements considérables de plomb carbonaté argentifère et aurifère, qui présentent, avec ceux de Leadville, une remarquable analogie, mais en offrant un développement des phénomènes d'hydrologie souterraine et de spéléologie, modi-

---

(*) *Gîtes métall.*, II, p. 637 à 651. — Cf. KEMP, *Ore deposits*, p. 182 ; et BLOW, *Trans. of the Am. Inst. of Mining Engineers*, 1889.

fiant les gites métallifères, dont nous ne connaissons pas de plus curieux exemple (*).

D'après les notes inédites, que M. Brisse a bien voulu nous communiquer, en attendant la publication de son mémoire, la formation métallifère, très étendue et très considérable, de cette région, s'étend, en dehors du massif de Bulgar Dagh lui-même, entièrement perforé par les galeries de mines, sur les pentes de l'Akdagh et vers Berekessi Maden, dans l'Aladagh.

Une coupe N.S. de la région montre, sur les deux flancs du Bulgar Dagh, des terrains miocènes, oligocènes et nummulitiques, en discordance sur un anticlinal fortement disloqué de calcaires dolomitiques et de calcschistes, probablement dévoniens, reposant eux-mêmes sur des schistes à glaucophane ; des porphyres à quartz globulaire et des porphyrites percent les terrains anciens du versant nord ; des serpentines bouleversent jusqu'à l'éocène (**) ; enfin, au nord, la trainée volcanique du mont Argée au Karadagh, longe la chaine de l'Anti-Taurus et du Taurus Cilicien, au bord du grand désert salé.

Les gisements métallifères paraissent, comme ceux de Leadville, avoir été formés principalement de couches de contact, déposées par intrusion et substitution dans les calcaires dolomitiques, le long des porphyres à quartz globulaire, qui ont l'allure de filons-couches (***) ; mais, postérieurement, ils ont été modifiés et déplacés par des circulations d'eau et même de rivières souterraines d'une intensité extraordinaire, rivières qui ont aujourd'hui

---

* Rappelons, à ce propos, les grottes de Mineral Point, en Wisconsin (*Gites métal.*, II, p. 623), où du carbonate de plomb s'est restratifié sur des os d'éléphant et de chauve-souris.

(** Il existe là des serpentines de deux âges, comme en Corse ou à l'ile d'Elbe : les unes ne dépassant pas le dévonien, les autres perçant l'éocène.

(*** Nous pouvons noter, en passant, la fréquence d'un semblable rapprochement entre les gisements de plomb et les porphyres à quartz globulaire, ou les microgranulites.

complètement disparu, en laissant, sur leur ancien parcours, des successions de grottes béantes, où parfois se sont stratifiées des couches de minerai, transportées mécaniquement et oxydées.

Le gisement, situé entre 2.000 et 2.400 mètres d'altitude, peut se partager en deux zones : la première, plus rapprochée de l'axe de la montagne et plus profonde, où l'altération a été moins complète, en sorte qu'on trouve du carbonate de plomb plus compact et plus chargé de galène et où, de plus, la transformation s'est faite sur place sans charriage : la seconde, extérieure et plus superficielle, qui offre de grandes grottes, où le sol présente un dépôt boueux ou sableux, comprenant des couches de carbonate de plomb, avec oxyde de fer jaunâtre, rougeâtre, verdâtre, noirâtre, etc., et des poches à parois de calcaire remplies d'éléments métallifères accumulés sans aucun ordre (*).

Là, il existe des séries de grandes salles, aux voûtes garnies de stalactites calcaires, dont le sol est formé d'une couche brune, passant en profondeur à un dépôt carbonaté important, et recouverte elle-même par une croûte transparente de carbonate de chaux.

Les observations de M. Brisse sembleraient même prouver que la plupart des rivières souterraines ont coulé là à niveau plein ; car, au lieu d'offrir des stalactites, le revêtement blanc du toit des galeries est généralement formé d'aiguilles, de gerbes entrelacées, ayant l'aspect du produit d'une cristallisation opérée lentement dans un liquide au repos.

Enfin, dans le *Derbyshire*, M. Martel a décrit récemment (**) les grottes, situées dans le calcaire carbonifère

---

(*) La teneur moyenne du minerai est, d'après M. Brisse, après le triage très sommaire, tel qu'il s'effectue actuellement, de 20 p. 100 de plomb avec 6k,500 d'argent et 30 à 40 grammes d'or à la tonne de plomb.

(**) *Annales des Mines*, juillet 1896.

de Peak, au voisinage de filons de galène et de fluorine, où l'on constate des exemples intéressants de remise en mouvement de la fluorine, formant parfois de véritables stalactites (Blue-John Mine).

Argent. — Pour les effets de l'altération superficielle sur les minerais d'argent, nous nous contenterons de reproduire, en quelques mots, les conclusions d'une étude que nous avons eu récemment l'occasion de consacrer à ce sujet dans un ouvrage spécial sur ce métal [*].

Près de la surface, l'argent est, dans les filons, à l'état natif, avec des chlorures, bromures, iodures, etc., associés à des oxydes de fer, de manganèse et souvent de cuivre ; si la gangue est quartzeuse, elle présente un aspect carié, dû à la dissolution des inclusions sulfurées, qu'elle contenait d'abord ; fréquemment, de l'argile rougeâtre ou grise y est associée ; ce genre de minerais constitue les *pacos*, *rascajos* et *colorados* du Mexique, ce que l'on appelle, d'un seul mot, les *metales calidos* (métaux chauds), faciles à amalgamer, mais dont la teneur en argent est souvent assez faible par rapport au reste du gisement (5 à 600 grammes à la tonne).

Plus bas, vers 80 à 150 mètres, apparaît la zone de la *bonanza* mexicaine, où, par une sorte de phénomène de cémentation, s'est concentré l'argent, venant en partie de la superficie (souvent avec le cuivre, si celui-ci abondait dans le gisement).

L'argent est là, à l'état de sulfure Ag^{2}S (argyrose) ; le cuivre, à l'état de chalcosine, de cuivre gris (souvent argentifère lui-même) et de phillipsite ; le fer manque, ou se présente à l'état oxydé ; le plomb, peu abondant, est, en grande partie, à l'état de carbonate.

Cette zone, riche en argent, et qui donne parfois des

minerais tenant 8 ou 9 kilogrammes d'argent à la tonne, est déjà moins facile à amalgamer que la première et constitue des métaux demi-froids ou demi-chauds : *mulatos, negros, negrillos, paronados, bronzes,* etc.

Enfin, quand on passe au-dessous du niveau hydrostatique, ce qui n'arrive guère plus bas que 4 ou 500 mètres, on trouve le remplissage complexe des minerais sulfurés, antimonieux ou arsénicaux, qui se prolongera indéfiniment plus bas, sous sa forme primitive : c'est-à-dire qu'on a, en proportions variables, suivant les gites, des galènes plus ou moins argentifères, des pyrites de fer et de cuivre, des mispickels, des blendes, etc., avec de rares minéraux d'argent.

Ce sont ces sulfures qui persistent ensuite, avec une richesse variable suivant les points, comme celle d'un gisement quelconque, mais qui ne parait plus obéir à aucune loi générale et résulte seulement des conditions locales du dépôt.

Il va de soi, d'ailleurs, que, suivant les cas, ces diverses zones que nous venons de distinguer ont une épaisseur très variable, et que l'une ou l'autre peut s'atténuer au point de disparaitre presque complètement.

Or. — Enfin, l'or est un des métaux pour lesquels l'altération superficielle a eu les effets les plus marqués et où les remises en mouvement, un peu imprévues pour un métal aussi insoluble en apparence, paraissent avoir joué le rôle, industriellement le plus important.

Les venues premières de l'or semblent en relation avec deux catégories de roches absolument distinctes : d'une part, les roches basiques de profondeur, diabases, péridotites, gabbros, etc., au voisinage desquelles l'or existe souvent, associé avec les sulfures de fer, de cuivre, etc. ; d'autre part, les roches acides, granites, granulites, trachytes, etc., qui ont parfois donné des filons d'or avec pyrite de fer, mispickel, accessoirement fluorine, etc.

Les associations avec les roches basiques rentrent dans le groupe de ces métaux, fer, cuivre, platine, chrome, nickel, qui constituent principalement les gîtes d'inclusions et de ségrégation directe ; on peut en citer d'innombrables exemples, sans parler même des traces d'or, qui sont extrêmement fréquentes dans les amas de pyrite de fer (Tharsis, Falun, etc.), et qui, dans les chalcopyrites, deviennent souvent exploitables (*).

C'est ainsi que, dans le nouveau district de *Coolgardie*, en Australie Occidentale, sur lequel l'attention a été si bruyamment attirée depuis quelque temps, des filons auriféres, parfois d'une grande richesse locale, mais sans aucune continuité et, pour la plupart, ce semble, inexploitables (**), sont, d'après M. Gascuel, presque exclusivement concentrés dans des roches vertes (diorites et diabases), décomposées en un limon rouge à la surface. Tel est le cas pour la seule mine du district qui soit réellement en marche normale, la Lady Loch, où le quartz aurifère est encaissé dans la diorite (***).

Dans le contesté Franco-Brésilien, au *Carsevenne*, M. Bernard vient également de retrouver l'or, associé à du quartz manganésifère, dans des diorites avec veines de

---

(*) Dans le district de Trailcreek, près Rossland, en Colombie Britannique, on exploite, à la mine Le Roy, des masses de chalcopyrite aurifère, avec pyrrhotine, associées à des roches basiques. Nous avons rappelé, plus haut, les phillipsites, avec or natif, du Chili. Les chalcopyrites aurifères sont fréquentes au Tyrol, en Styrie, au Namaqualand, dans l'Arizona, etc...

(**) Comme toujours, les meilleurs gisements sont là ceux où l'or est à l'état invisible, disséminé dans la masse et les quartz à beaux cristaux d'or natif déposés dans les fissures, qu'une industrie financière très spéciale, qui a eu ses moments de prospérité, utilise dans les « broyages d'essai », donnent ensuite des résultats très médiocres.

(***) *Coll. École des Mines*, n° 1079. Il existe, en outre, dans cette région, ce qu'on appelle des *formations*, qui paraissent résulter de l'altération de schistes ou de grès, disloqués et traversés par des veines de quartz (mines Burbanks, Big Blow, United gold reefs, etc.).

granulite, formant, au milieu des gneiss et schistes à amphibolites, un ensemble tout à fait analogue à celui qui couvre de si grands espaces entre Montluçon, Limoges et Tulle, dans le Plateau Central Français (*).

On retrouve des caractères semblables en certains points de *Madagascar*, où les terres rouges légèrement aurifères du Betsileo et de divers points de la côte ouest, sur lesquels on est en train d'édifier tant d'espérances, paraissent résulter de la décomposition des diorites dans des conditions comparables à celles de la Guyane.

A ces exemples, que nous avons choisis surtout parce qu'ils sont encore inédits, nous pouvons ajouter le cas des diorites aurifères du Charterland (**), des diorites aurifères de Gympie et de Swiftscreek, dans la province de Victoria, en Australie, etc., des diorites encaissant les filons aurifères du Callao au Vénézuéla, etc...

L'or est, par contre, très fréquemment associé aux roches acides (granulites ou trachytes), comme l'étain, avec lequel il présente de très intimes analogies et une communauté de gisements très fréquente.

L'or des Blackhills du Dakota, une partie de celui de Californie et ce Hongrie sont rattachés à des trachytes.

A Bérézowsk, dans l'Oural, l'or est dans des filons de

(*) Les échantillons de roches, rapportés par M. Bernard, ressemblent trait pour trait à ceux des feuilles au $\frac{1}{80,000}$ de Confolens et de Montluçon, que nous avons étudiées récemment.

En Guyane française, l'or paraît être également souvent associé à des diorites, qui se décomposent sur place pour donner le cascajo.

(**) Il ne serait pas impossible que les importantes venues aurifères du Witwatersrand eussent, elles-mêmes, une relation d'origine avec les très abondantes éruptions de diabases ophitiques et de perphyrites, qui se trouvent au voisinage et qui font partie d'une famille de roches, très ordinairement associée aux formations de sulfures métalliques (région d'Huelva, etc.).

Dans le district de Lydenburg (Transvaal), des filons d'or, parfois à forte teneur, mais très irréguliers et paraissant présenter quelque analogie avec les gisements du Black Reef, sont en rapport avec des diorites.

granulite à pyrite de fer. A Bömmelö (Norvège), l'or semble également associé à du granite.

Dans les placers de la Zeya (province de l'Amour), en Sibérie Orientale, M. Levat (*) a trouvé récemment des couches aurifères, interstratifiées dans les micaschistes, qui semblent en relation avec une venue granitique, également aurifère dans toute sa masse et présentant des sortes de stockwerks à fins réseaux de cassures ferrugineuses.

Dans un voyage antérieur en Transbaïkalie, il avait également étudié, au placer Blagovietchensk, de l'or en relation avec des filons de granulite fine.

Au Chili, il existe de même, en plusieurs points, dans le granite, de l'or avec de la cassitérite, de la pyrite de cuivre et des composés de bismuth, du tellure, du sélénium, etc.

C'est dans ce groupe de gisements qu'il faut, sans doute, ranger les mispickels aurifères, si fréquents et parfois si riches en tant de pays : à Passagem, à Faria, au Brésil (avec tourmaline, bismuth et pyrrhotine, à Passagem) et même en France, à Bonnac, dans le Cantal. Ces mispickels font probablement partie de la famille des filons d'étain, dans lesquels on les trouve fréquemment.

Les venues d'or acides présentent parfois une autre association intéressante avec la fluorine : ainsi, dans le district maintenant fameux de Cripple Creek, au Colorado, où les tellurures d'or ont une gangue de fluorine.

Dans le comté de Boulder, à Magnolia, le tellurure est également associé à la fluorine.

Enfin nous sommes tenté de rattacher au même groupe les bismuths aurifères, dont un exemple curieux existe à Pilgrimsrest, au Transvaal (**), où les stibines aurifères,

---

(*) *L'Or en Sibérie Orientale*. 2 vol., chez Rouveyre, 1897.

(**) Un échantillon de ce genre fait partie d'une magnifique collection de minerais d'or natif transvaaliens offerte, en mai 1897, à l'École des Mines, par le Gouvernement du Transvaal et recueillie par M. Klincke, ingénieur en chef de ce Gouvernement.

telles que celles de Gravelotte, dans le Murchison Range (Transvaal) (*), et de Reefton en Nouvelle-Zélande.

Les minerais d'or de profondeur appartiennent à plusieurs types, en rapport avec les gisements que nous venons d'énumérer.

L'or, à peu près toujours associé au quartz (et à un quartz spécial, qui est seulement comparable à celui des filons stannifères), se présente, le plus souvent, dans de la pyrite de fer, parfois dans la chalcopyrite, plus rarement dans la stibine, le sulfure de bismuth (**) ou, accidentellement, dans la galène ou encore à l'état de séléniure, de tellurure, etc.

A la surface, ces sulfures divers ont subi les altérations que nous avons étudiées précédemment. Le fer et le cuivre, notamment, ont été, en grande partie, dissous et déplacés, et l'or, qu'ils contenaient, s'est, à la suite d'une remise en mouvement plus ou moins prononcée, concentré en houppes, en cristaux accumulés dans des géodes, en feuillets déposés sur des plans de joint ou des fissures. Ainsi se sont formés, dans des quartz cariés, rougis par de l'oxyde de fer et souvent avec des hématites, ces beaux échantillons d'or natif, que les prospecteurs anglais comparent à un étalage d'orfèvre (*jewelers shop*) et qui, généralement, sont, pour l'avenir du gîte, un symptôme plutôt défavorable ; car ils prouvent une distribution irrégulière du métal précieux dans le filon, tandis qu'on aime à rencontrer de l'or fin, régulièrement disséminé.

(*) *Mines d'or du Transvaal*, p. 537.

(**) Nous venons de signaler au Transvaal, dans le Murchison Range et à Pilgrimsrest, des exemples intéressants de stibine ou de bismuthine, avec grains d'or natif, qui, aux affleurements, ont donné des oxydes d'antimoine ou de bismuth souvent avec fortes teneurs en or. A Falun, en Suède, dans des amas de pyrite de fer cuivreuse, il existe des concentrations locales d'or, avec un sélénio-sulfure de bismuth et de plomb. A Bleka, en Norvège, on a exploité du bismuth sulfuré avec or natif et sulfures de fer, de cuivre et de plomb.

La concentration de l'or dans les parties hautes de ses [illegible] à l'état natif, sous une [illegible] est très [illegible] nacré, sinon [illegible] l'or [illegible] chevrons, du [illegible].

[illegible] classiques, [illegible] ont donné [illegible] que du [illegible] parfois même [illegible].

[illegible] être formés, sans transport à distance, [illegible] près de placers.

[illegible] dans les placers [illegible] une préparation [illegible] certain [illegible] ayant [illegible] ardoiseux, qu'on trouve [illegible] à peu près intacts, au milieu de graviers roulés.

---

* Nous n'insisterons pas ici sur cette question, que nous avons eu l'occasion de traiter incidemment dans notre ouvrage sur le *Transvaal*, p. 311 à 318.

TABLE DES MATIÈRES.

Tours. — Imprimerie DESLIS FRÈRES.

www.ingramcontent.com/pod-product-compliance
Lightning Source LLC
LaVergne TN
LVHW021900170726
843503LV00003B/1333